朱京燕 著

会展农业理论与实践

中国农业科学技术出版社

图书在版编目（CIP）数据

会展农业理论与实践 / 朱京燕著．—北京：中国农业科学技术出版社，2020.6

ISBN 978-7-5116-4789-4

Ⅰ.①会…　Ⅱ.①朱…　Ⅲ.①农业-展览会-研究　Ⅳ.①S-28

中国版本图书馆 CIP 数据核字（2020）第 098782 号

责任编辑　崔改泵　李向荣
责任校对　马广洋

出 版 者　中国农业科学技术出版社
北京市中关村南大街 12 号　邮编 100081
电　　话　（010）82109194（出版中心）（010）82109702（发行部）
（010）82109709（读者服务部）
传　　真　（010）82105169
网　　址　http：//www.castp.cn
经 销 者　各地新华书店
印 刷 者　北京建宏印刷有限公司
开　　本　880mm×1 230mm　1/32
印　　张　7.375
字　　数　206 千字
版　　次　2020 年 6 月第 1 版　2020 年 6 月第 1 次印刷
定　　价　50.00 元

前　言

中国是一个农业大国，农村面积辽阔，农业从业人数众多，农业是国民经济的基础。党的十九大报告明确提出实施乡村振兴战略，并把“构建现代农业产业体系、生产体系、经营体系”作为乡村振兴战略的主要措施之一。乡村振兴战略目标的实现，必须以乡村经济的繁荣、乡村产业的振兴、现代农业的发展为前提。在推进乡村振兴战略的过程中，必须准确把握好现代农业的发展方向。

近几年，中央出台的一系列文件对现代农业发展提出了诸多要求和具体方向，主要目的是推进农业由增产导向转向提质导向。《国家乡村振兴战略规划（2018—2022 年）》提出现代农业发展，要坚持质量兴农、品牌强农，深化农业供给侧结构性改革，构建现代农业产业体系、生产体系、经营体系，推动农业发展质量变革、效率变革、动力变革，持续提高农业创新力、竞争力和全要素生产率。在提高农业综合生产能力，保障国家粮食安全和重要农产品有效供给的基础上，要加快农业转型升级。按照建设现代化经济体系的要求，加快农业结构调整步伐，着力推动农业由增产导向转向提质导向，提高农业供给体系的整体质量和效率，加快实现由农业大国向农业强国转变。

品牌是农业竞争力的核心标志，是现代农业的重要引擎。“质量兴农、品牌强农”已经成为转变农业发展方式、加快脱贫攻坚、提升农业竞争力和实现乡村振兴的战略选择。打造品牌农业是加快传统农业向现代农业转变的重要手段，是提高农产品品质量安全水平和市场竞争力的迫切要求，也是带动产业结构优化升级，推进农业发展方式转变，促进农业增效、农民增收的重要途径。

进入20世纪，以拓展农业多功能为导向，以农业、农俗、农产品为载体，以农业会议、展览、展销、节庆、农事等活动为表征，融合旅游、文化、餐饮、服务、物流等多种业态，以形成农业展示中心、交流交易中心、信息中心为主要目标，实现农业与会展产业、旅游产业及其他相关产业高度融合的会展农业在全国各地发展起来。这种通过举办各类农业会议、论坛、博览会、展览会、展示会、交易会和农业竞赛、节庆、旅游活动等而带动发展起来的具有区域特色的集优质农产品生产、休闲体验、旅游观光、景观展示、科普教育于一体的农业产业体系，在促进农产品贸易、带动农业产业升级、优化产业结构布局、打造现代农业品牌等方面发挥了不可替代的作用。会展农业的发展不仅加快了农业发展方式的转变，也大大促进了农民持续增收，满足了消费者新的休闲需求，更是提高了我国农业的世界影响力。

会展农业作为会展业向农业拓展与农业相互交融而形成的新兴业态，是农业发展到一定阶段的必然产物。会展农业作为现代农业的一种实现形式，率先在国内一些农业会展资源禀赋优势地区发展起来。在这些地区中，北京更是以其独特的资源优势和区位优势，在发展会展农业方面取得了较大的创新突破，开发了农业的多种功能，实现了农业与二三产业的融合。其后，会展农业在推动地区农业产业升级，塑造和提升区域品牌价值，推动农产品贸易发展，提升区域形象和竞争力，加快农业国际化进程，持续提升农民收入水平等方面的作用被广泛认同，会展农业在国内普遍发展起来。

围绕“会展农业”这一主题，本书从其概念内涵、产生发展背景、理论基础、功能作用、特征、构成要素及类型、发展与运行、产业链及其支撑体系等方面进行了阐述，对国内一些地区会展农业的实践进行了分析和总结。全书共 11 个部分。其中，第一部分在对会展、会展产业、会展经济、农业会展等相关概念辨析的基础上，阐述了会展农业概念内涵及其对推动区域农业产业升级、持续提升农民收入水平、提升区域形象和竞争力的重要意义。第二部分阐述了会展农业是伴随着我国农产品供给总体进入总量平衡、丰年有余的阶段后，农产品由数量时代逐渐进入质量时代背景下产生的，是在 21 世纪后国内农业会展快速发展，党中央、国务院提出建设现代农业的重大任务，农业品牌建设、农业供给侧改革、质量兴农战略、“一带一路”战略相继实施的背景下发展起来的。会展农业在我国的发展经历了萌芽、初期和中期发展阶段。第三部分对会展农业发展的理论基础进行了概述。这些理论包括：产业组织理论、产业结构理论、产业布局理论、产业政策理论、双边市场理论、公共产品理论、会展经济带动系数理论、会展的市场理论、会展营销理论、会展生命周期理论及体验经济理论。第四部分阐述了会展农业的生产、生态、生活、文化、社会功能，及其在调节市场供求和优化配置资源、促进农业产业化和区域经济结构升级、塑造和提升区域品牌价值等方面发挥的作用，并明确了会展农业的效益应从经济、社会、生态三方面衡量。第五部分分析总结了会展农业的特征、构成要素及类型。第六部分对会展农业发展的条件、发展原则、发展模式、发展运行机制进行了分析阐述。第七部分阐述了会展农业产业链构成及会展农业发展的支撑体系。第八、第九部分总结分析了北京、上海、青岛及寿光等地会展农业实践的情况、做法、经验及启示。第十部分介绍了我国云南、广西、陕西等地发展会展农业的典型案例。这些案例表明会展农业并不仅是在大城市周边发展，在特色优势农业资源地区同样能发展会展农业。第十一部分阐述了会展农业的发展趋势，提出了会展农业健康发展的对策建议。

本书对会展农业的理论和实践进行了比较系统的研究，具有一定的理论价值及较强的现实指导意义。本书适合推动农业产业发展的各级行政管理部门管理人员、现代农业新型经营主体的经营者、农业经济领域的研究者及高等院校师生参阅。

著　者

2020 年 3 月

目　录

一、会展农业的概念及意义

（一）会展农业相关概念辨析

会展农业是在现代农业的实践中发展起来的，是会展业和农业有机融合的产物。会展农业发展与会展活动有着密切的联系，研究会展农业有必要梳理清楚会展、会展产业、会展经济、农业会展等相关概念。

1. 会展的含义

在汉语语境中，会展从字面理解是由会议和展览两个词语组合而成，但国外并没有一个单词来直接与“会展”相对应。关于会展的概念定义，国内外不同的专家、学者有着不同的看法。

国际上和“会展”相对应的英文单词可以简单归纳为：一是会议类活动，会展的研究对象主要集中在会议，主要研究会议的筹办运营管理。另外，有人也把展览会看作是会议的一种类型来讨论，这类观点以美国为代表。二是展览类活动，持这类观点者研究中主要讨论展览搭建、招展、营销、人力资源、项目管理、物流等，较常见于欧洲的研究者。三是会议与展览类，以欧洲为代表的持这种观点的研究者，把会议和展览纳为研究对象。四是以美国学者为代表 MICE 类，即公司业务会议（Meeting）、奖励旅游（Incentive）、大会（Convention）、展览（Exhibition），这四个英文单词的首字母缩写，MICE 在 20 世纪 90 年代中期被正式采用，在全球有一定的影响。五是事件类，事件又可以分成两种，一种是经过策划的事件，另一种是节事。经过策划的事件又分为：文化庆典、文艺/娱乐事件、商贸（包括展览会/展销会、交易会、博览会、会议、广告促销、募捐/筹资活动）、体育赛事、科教事件、休闲事件、政治事件、私人事件等 8 种。节事是特殊事件和节庆的合称。这类学者以美国为代表。

国内理论界对会展的界定有 4 种类型：内涵—外延型、内涵特征型、外延界定型和无内涵外延型。内涵—外延型通过对会展内涵阐述，推导出会展的外延。其对会展的涵义阐释为：会展是会议、展览、展销、体育等集体性活动的简称，是指在一定地域空间，由许多人在一起形成的，定期或不定期的，制度或非制度的，传递和交流信息的群众性社会活动。它包括各种类型的大型会议、展览展销活动、体育竞技运动、大规模商品交易活动等，诸如各种展览会、博览会、体育运动会、大型国内外会议和交易会等，其中展览是会展的重要组成部分。内涵特征型给出了会展的内涵特征是：会展是以追求经济效益为主要目的，以企业化运作提供社会化服务，以口头交流信息或者陈列展示物品为主要方式的集体性和综合性活动。外延界定型先列举会展外延，再分别单独对每一类外延进行界定。这些研究者认为会展有狭义和广义之分，狭义的会展就是会议和展览。广义的会展是会议、展览及大型节事活动的统称。无内涵外延型一般不对会展内涵、外延进行阐述，只阐述会议或展览如何策划、如何管理等内容。

国内普遍接受的会展定义是：会展是会议、展览、展销、体育等集体性活动的简称，是指在一定的地域空间，由许多人在一起形成的、定期或不定期的、制度或非制度的、传递和交流信息的群众性社会活动。包括各种类型的大型会议、展览展销活动、体育竞技运动、大规模商品交易活动等，其中展览业是会展的重要组成部分。这一定义给出了会展的内涵和外延，同时揭示了会展活动的一些重要属性，在理论界引用率很高。

2. 会展产业

从理论上讲，会展产业就是生产提供会展产品与服务的企业的集合。如果按照会展产品产生和提供的过程来讲，会展产业的范围主要包括：

（1）筹划、组织、管理、运行会展产品和服务的企业。

（2）会展场地的供应方。会展场地的种类繁多，传统的会展场地主要有会展中心、大型饭店、体育场或体育馆、展览馆等。

（3）其他在会展产品和会展运行过程中的服务单位，如酒店、餐饮、招待、交通、设计、施工等。

综上所述，会展产业包括各种会展公司及以会展服务为主要经营项目的会展服务公司。会展产业并非单独的产业而存在，而是包含了很多种形态的产业的综合性产业。

3. 会展经济

会展经济是指全部关于展览、会议、展销和其生产与流通领域的经济活动，它通过举办各种形式的展览，带来源源不断的商流、物流、人流、资金流、信息流，直接推动商贸、旅游业的发展，不断创造商机，吸引投资，进而拉动其他产业发展，产生直接的或者间接的经济效益与社会影响，形成内部相互关联、组织紧密、联动的消费链条。它的关联性能够发挥巨大的作用和效能，将餐饮、旅游、酒店、交通、商务联系在一起，并获得最大效益。对于某个区域来说，它具有很强的经济拉动作用，能够在进行过程中促进地区与外部经济沟通，形成最优资源网络，加快城市的信息更新速度，形成具有巨大价值的品牌，从而进一步吸引外部资源，形成促进地区良性发展的循环。会展经济是会展产业发展到一定历史阶段形成的跨产业、跨区域的综合经济形态，由会展商品生产、流通、交换、分配各个环节组成的各种经济组织及相关经济活动主体共同构成，具有内在运行规律和机制的有机整体，是以会展产业为中心，其他相关产业为依托而形成的新兴经济形态。会展经济是区别于一般经济活动的特色型经济活动，这种经济活动有事先确定的时间和地点，能使产品得到充分的宣传、展示，具有直观性、艺术性、宣传力，它能集合众多的供需双方互相进行交流，既交流了产品，又沟通了信息。会展经济在国外一直得到政府和实业界的重视，对推动经济发展起到了强大的促进作用。在国内，迅速崛起的会展经济成为国民经济发展的推进器和新亮点，并已成为众多城市的新景观。

4. 农业会展

农业会展是农业和会展业发展到一定阶段的必然产物和有机结合，是为推动农业产业发展，打造合作平台，形成的农业产业领域的专业展，是会展业的一个分支。农业会展是促进消费者了解地方特色农产品和农业对外交流与合作的现代化平台，属于生产流通服务业，归于第三产业的范畴。农业会展主要有农业展览、农业会议和农业节庆活动 3 个类型。其中农业展览包括以农产品、农资产品等的展示、营销和交易为目的的各种农业博览会、展览会、展示会、展销会、交易会、订货会等；农业会议包括就农业相关问题所举办的各种农业论坛、洽谈会、交流会等；农业节庆活动则包括与农业有关的特定主题和多彩形式的融旅游、文化、经贸活动于一体的各种庆典、赛事、展演等大型活动。农业会展的基本构成要素与会展是一致的，包括会展组织者、会展场馆、展示对象、参展商和观众。农业会展的辅助要素包括物流运输、广告宣传、会展服务。会展服务既包括会展组织者提供给参展商和观众的服务，也包括会展场馆提供给会展组织者，参展商和观众的服务，还包括参展商提供给观众的服务。其中，会展企业应享有的主要服务包括良好的会展秩序、舒适的展出环境、高质量的观众以及展后信息的反馈等。观众应享有的服务主要包括准确的会展信息、流畅的交流对接、丰富的同期活动以及工作人员的协助等。

（二）会展农业概念内涵

1. 会展农业概念的提出

在我国最早提出“会展农业”说法的是吴春晖在2010年第一期《北京农业》上发表的“丰台会展农业模式”一文，该文分析了北京丰台种子交易会成功举办17年来的经验和成效并提出：丰台种子交易会不断发展壮大，成为华北地区仅存的比较有影响力的种子交易会，为中国种子产业发展搭建了信息交流的平台、品种竞争的擂台、企业宣传的舞台和农民选种的看台，成为北京市会展农业的典型代表。该文首次提出“会展农业”的说法，但没有就会展农业的概念内涵做出具体的阐释。

2. 会展农业概念内涵

会展农业中的“会展”主要指的是农业展览、农业会议和农业节庆活动。关于会展农业的概念定义，马俊哲、张文茂等在“对北京市发展会展农业的若干认识与建议”一文（《北京农业职业学院学报》2010. 3）中认为：会展农业是以农业展示和农产品贸易为主要内容，以一定的场馆设施和展示基地为基础，以会议、展览、展销、节庆活动等为主要形式，具有高度产业融合性的农业产业形态。赵海燕、何忠伟发表在2013年《对外经济贸易大学学报》第4期上的“北京会展农业发展模式与产业特征分析”一文中提出：“会展农业”是都市型现代农业的一种创新形式，它以拓展农业多功能为导向，以农事、农俗、农产品为载体，以会议、展览、展销、节庆等活动为表征，以科技、通信、交通设施等为支撑，是融合了旅游、文化、餐饮、服务、物流等多种业态的都市型现代农业高端形态。向军、刘娜2016年在《农村经济与科技》第24期上发表的“永川区会展农业发展现状及对策研究”一文中提出：会展农业是利用会展业的平台思维进行农业生产升级改造的一种现代农业模式，会展农业是围绕农村区域特色农业建设的目标，以农业资源、场馆设施为基础举办农业会展活动的整体流程。会展农业同时具备了旅游农业、休闲农业、都市农业、创意农业的特点，并与旅游农业、休闲农业、都市农业、创意农业产生了一定的融合，是融生产、休闲、观光、展示、贸易、交流、科普、教育、体验、示范于一体的农业产业体系，是一种高端的农业产业形态。

虽然“会展农业”概念提法是在北京首次提出，但是纵观国内，不少地区已经有通过推动农业会展发展带动农业产业升级发展的成功实践，综合北京及国内其他地区会展农业实践活动的内容，会展农业的概念可以表述为：会展农业是通过举办各类农业会议、论坛、博览会、展览会、展示会、交易会和农业竞赛、节庆、旅游活动等而带动发展起来的具有区域特色的集优质农产品生产、休闲体验、旅游观光、景观展示、科普教育于一体的农业产业体系。会展农业是以一定的场馆设施和展示基地为基础，以农业会议、展览、节庆活动为媒介，使农业由单纯的种养殖向加工和旅游渗透。会展农业的表现形式为因农业会议、论坛、展览、展示、交易、洽谈和节庆、竞赛、旅游等活动的开展而形成的农业生产基地、农业园区、农业景观等。具体来说，会展农业是以拓展农业多功能为导向，以农业、农俗、农产品为载体，以农业会议、展览、展销、节庆、农事等活动为表征，融合旅游、文化、餐饮、服务、物流等多种业态，以形成农业展示中心、交流交易中心、信息中心为主要目标，实现农业与会展产业、旅游产业及其他相关产业高度融合的新型现代农业产业经济形态。

简而言之，会展农业就是通过农业会议、展览等方式促进农业发展，形成与会展活动紧密相关的一种类别的农业产业。会展农业是由农业会展活动带动发展起来的一种农业业态，是现代农业的一种实现形式。这里的会展活动项目是促进的手段和工具，相关农业产业发展是目的和要求。与农业会展仅仅着眼于打造企业品牌和产品品牌不同，会展农业是一个系统工程，通过打造现代农业品牌形象，实现产业升级，获得品牌效益，是现代农业新的实现形式。

3. 会展农业与农业会展

会展农业与农业会展相关联，但又是两个不同的概念。现代意义上的农业会展是以农产品及其加工品、投入品、技术、服务等展览为核心，包括伴生于这些展览的各种农业会议、论坛、表演、旅游活动等在内的以多人聚集和互动为特征的经济活动。农业会展以会展作为载体，进行农业展览会、交易会、论坛会、洽谈会等，是形成资金、信息、人才等流动的一种新的经济形态，农业会展是农业营销模式朝着现代化方向发展的表现，是农业与会展产业的有机结合。农业会展对于促进我国农业健康发展、对外展示农业新成果、拓宽农产品销售道路具有重要的意义。农业会展在拓宽农业生产者的视野、提供市场行情、宣传产品、招商引资、吸引人才、提升农产品知名度等方面发挥着积极的作用。农业会展作为一种新的农产品营销方式，对地区的农业产业发展具有重要价值。

“会展农业”与“农业会展”在字面上仅仅是顺序调整，意义却大不相同。会展农业不是简单的农业会展，农业会展只是会展农业发展模式的一个重要组成部分或者是其实现路径之一。“会展农业”具有比“农业会展”更丰富的内涵和外延，不能简单地把“会展农业”理解为举办几个农业会展活动，或者理解为建设一个会展场馆，应该站在如何推动农业发展与产业融合的高度，实现农业与相关产业的全方位整合。与农业会展仅仅着眼于打造企业品牌和产品品牌不同，会展农业是一个系统工程，会展农业是以拓展农业多功能为导向，以农业、农俗、农产品为载体，以农业会议、展览、展销、节庆、农事等活动为表征，融合了旅游、文化、餐饮、服务、物流等多种业态的现代农业高端形态。会展农业集展示、商贸、休闲、娱乐、科普、教育、示范等功能于一体，通过打造区域品牌形象，获得品牌效益，实现农业产业升级，获得产业竞争力的可持续发展，是现代农业新的实现形式。

（三）会展农业的意义

1. 推动区域农业产业升级

产业转型升级是经济规律使然，也是国际国内经济发展的大趋势。国内外现代农业发展经验表明，现代农业的快速发展实质得益于产业转型升级战略的实施。产业转型升级就是从低附加值向高附加值升级，从粗放型向集约型升级，其实质是一个产业结构优化、产业层次提升和发展模式转变的过程。科学、准确地把握经济发展的这一基本趋势，顺应产业发展的内在规律，加快现代农业产业转型升级是主动适应这一规律的必然选择，是提升现代农业产业价值链、增强核心竞争力的内在要求，应成为现阶段现代农业发展的战略共识。目前，世界发达国家和地区现代农业发展明显地呈现出生产的高科技化、结构的高级化、产品的高加工化、经营的一体化、发展的可持续化五大趋势。产业转型升级就是要把握时机，带动产业规模做大、产业层次升级、产业实力增强。

我国农业已进入发展动力升级、发展方式转变，发展结构优化的时期，主要表现：一是居民消费结构升级的背景下，部分农产品结构性失衡的问题日益凸显；二是在资源环境约束趋紧的背景下，农业发展方式粗放问题日益凸显；三是在国内外农产品市场深度融合的背景下，农业竞争力不强的问题日益凸显；四是在经济发展速度放缓、动力转换的背景下，农民持续增收难度加大的问题日益凸显。基于此，我国农业已进入传统农业向现代农业转变的关键阶段。

农业的转型升级，必须抓住经济发展方式转变这一核心，以结构调整、项目带动、产业融合、功能拓展、科技创新、品质提升为重点，结合资源禀赋和产业基础，着力推进农业转型升级。具体而言，农业转型升级的路径：一是围绕农业产业功能，加快推进由单纯农业生产为主向生产、生活、生态多功能并重的转型升级，随着城乡居民生活水平的逐步提高，单一的农业生产功能难以满足人们日益扩大的多种需求，我们必须从广度和深度来扩展开发农业的功能，大力推进农业结构优化升级，创新农业生产经营理念，在保证食品和原料供给这一基本功能的基础上，不断拓展其生态保护、能源原料、观光休闲、文化传承等多种功能，大力发展集生产、生态、经济、文化、休闲、观光于一体的新型农业，实现经济效益、生态效益和社会效益的有机结合与统一。二是围绕现代农业发展内涵，加快推进由注重第一产业向一二三产业协调发展的转型升级。以现有的农业产业链、产业带、产业群为基础，通过产前、产中、产后的联结和融合，做强一产，突破单位产出，提高农业资源利用率；做大二产，突破精深加工，提高农产品附加值；做活三产，构建三次产业融合发展的新型产业体系。三是围绕农业增长动力，加快推进由主要依靠土地等自然资源向更加依赖科技和资本驱动的转型升级。要使有限的耕地资源发挥出更大的潜力，就必须用现代科技改造农业，用先进技术装备农业，用优质品牌包装农业，增强农业的综合竞争力。四是围绕农业经营方式，加快推进由分散经营向适度规模经营的转型升级。实践证明，没有规模，生产经营成本就降不下来，土地产出率就不会高；没有规模，农业标准化就推行不开，农产品竞争力就不会强；没有规模，生产的专业化水平就上不去，农业效益低下的格局就无法改变。五是围绕农业效益评估，加快推进由单纯追求数量的传统农业向追求优质、高产、高效的现代农业转型升级。

从会展农业的概念内涵来看，会展农业能够集成先进的科学技术应用于农业，塑造地区农业品牌，提升农业附加值，拓展农业多功能，延长农业产业链，推动地区一二三产业有机融合，能有效推动区域农业产业升级。例如，云南省通过国际坚果会议发展坚果产业；海南省通过国际会议和展览会带动咖啡生产与加工，带动海南农业升级；广西通过国际芒果会议扩大了芒果种植（注：芒果目前多写作杧果，但芒果大会命名时用的写“芒果”二字，许多品种、品牌也用的是“芒”字，所以本书中用芒果），广西的红阳牌红心猕猴桃、恭城的月柿等都是通过举办各种形式的农业会展活动而发展起来的融经济、生态、生活为一体的新型农业产业。再如，陕西省洛川县在2004 年至2006 年连续3 年成功举办了有27 个国家和地区参加的东盟“10 +3” 果品企业家圆桌会议，2007 年至 2017 年连续举办了十届“中国・陕西（洛川）国际苹果博览会”和第一届世界苹果大会。通过上述不同形式节会的成功举办，推动了洛川苹果产业规模化、标准化、集约化发展，洛川苹果质量全面提升，洛川苹果品牌知名度大大提高，提升了洛川苹果产业发展水平和核心竞争力，增强了国际市场开拓能力，形成了覆盖全国，出口东南亚、欧洲等 20 多个国家和地区的销售网络。目前，洛川全县耕地总面积的 90% 种植了苹果，50 多万亩苹果成为全国唯一整县通过国家绿色食品（苹果）原料生产示范基地，通过出口注册认证果园 13 万亩，有机苹果生产基地达到 5. 6 万亩；创建国家级苹果标准园 2 个，面积2 000亩，建成省级示范园 63 个，面积8 500 多亩，居全省第一位。洛川县真正实现了“一县一业”，成为产业富民的典范，“洛川苹果”也成为享誉国内外的国际品牌。

2. 持续提升农民收入水平

习近平总书记强调，要推动乡村产业振兴，发展现代农业，围绕农村一二三产业融合发展，构建乡村产业体系，实现产业兴旺，把产业发展落到促进农民增收上来。只有做大做强产业，农民生活富裕才能真正落到实处。当代农业发展面临着非常好的机遇：国家在政策以及资金上扶持推进农业由增产导向转向提质导向，走产出高效、产品安全、资源节约、环境友好的现代农业发展道路，不少地区开始因地制宜建设大型的农业产业园区，这些产业园区具有一定的规模，吸引了大批国内外的客户与产业园区合作，走出一条崭新的合作共赢模式；人们对食物要求的提高在一定程度上改变了以往市场对农产品种类以及品质的需要，对于引领农村产业结构与种植结构调整具有积极的指导意义；人们对农产品品质要求的提高在一定程度上也有利于农产品价格的提升，对于促进农民增收具有十分积极的意义。此外，人们生活水平的提高促生了农业观光、绿色采摘等活动。农村相对得天独厚的自然资源与自然风光，吸引着长期生活在城市中处于紧张工作状态的人们，乡村旅游，体验农事乐趣，很有市场且效益可观。

发展产业，增加农民收入，一是要抢抓机遇，政府鼓励、支持、培植、引领，聚集资金、技术和人才要素，突出区域产业优势，坚持以市场为导向，以科技为支撑，以农民增收为目标，积极创建现代农业示范区，集中展示新技术、新模式、新装备、高质量，促进农产品增产增效，促进农民增收；二是聚焦特色产业，大力实施农业品牌战略，强化地方名、特、优、稀等个性农产品品质优化，充分挖掘农产品的文化内涵，秉承品牌代表质量、质量塑造品牌的理念，通过举办品牌发布会、产品推介会、展示展销活动等多种途径进行宣传，强化消费者的品牌认知，积极创建农产品区域品牌；三是发展休闲农业，提升农业产业附加值。

会展农业以农业会展为龙头，把展会、展示基地和生产基地有机地联系在一起，并通过产业外拓，与相关行业实现有效的融合。会展农业不仅是经济、生态、生活功能融合的平台，也是农业研发、休闲旅游、文化创意、农产品加工等价值整合的平台，提高了农产品生产、加工、营销等产业化水平，实现了高产出、高品质、高效益。在提升农业附加值，增加单位土地收益，大幅度提高农业经济效益，促进农民增收方面意义重大。据了解，北京通州区通过第十八届世界食用菌大会的举办，发展壮大了食用菌产业，全区林地食用菌生产面积达到1万亩、设施食用菌生产面积达到2 000亩，通州区还深入开发焙干菇片、菇酱、蘑菇精等系列产品，有力地促进了通州食用菌产业的发展。通州区工厂化食用菌生产量19 700吨，全区年产各类食用菌6万吨以上，产值7亿元。全区有1 500多名农民在食用菌生产企业就业，人年均收入2.5万元左右，3 500多户农户从事食用菌生产，户均年收入5万元以上。陕西省洛川县通过发展会展农业，全县16万果农中，95%都从事的是苹果生产，95%的收入也来自苹果产业，60%以上的果农户年均收入达到10万元以上。会展农业的发展，提高了农产品生产、加工、营销等产业化水平，实现了高产出、高品质、高效益。

3. 提升区域形象和竞争力

区域形象是一个区域在公众心中形成的总体印象和总体评价。它包括硬形象和软形象，硬形象是指那些具有客观形体或可以精确测量的各种因素，如自然资源、地理位置、区容区貌、基础设施等。软形象则包括精神理念、经济发展、文化氛围等。区域形象是区域众多资源中极为重要的无形资源，作为区域价值的载体之一。随着区域经济向较高阶段的发展，区域形象在区域发展中的作用日益明显。作为区域的无形资产，区域形象是区域影响力、知名度和美誉度的体现。作为一种生产力，区域形象直接影响目标顾客在该区域的投资、办厂、移民、旅游、就业以及对该区域产品的购买态度与行为。提升区域形象，促进区域发展已然形成一种共识。如果说传统的经济发展是靠“要素推动”、当前的经济发展是靠“知识推动”的话，未来的经济发展就是“注意力推动”，当今世界即将进入一个注意力经济的新时代。在这种经济形态中，最重要的资源就是注意力。正如Goldhaber所说：“获得注意力就是获得一种持久的财富。”因此，研究人的注意力的规律，吸引更多的注意力，将成为新一轮区域竞争的着重点，而区域形象塑造和提升的目的正是为了使本区域在异彩纷呈的世界中脱颖而出，吸引人们的注意力。区域形象塑造和提升是欠发达地区实现跨越式发展的重要途径。区域形象的塑造和提升，一方面是通过整合有效资源，加大对外宣传来实现；另一方面是通过打造标杆项目，提升区域品质形象。

会展农业在提升区域形象中的作用主要体现在两个方面。一是通过会展农业的创意整合各个部门如林业、发改、水利、财政、土地、规划等部门资源，为农业发展形成合力，引导人流、物流、资金流向会展农业地区聚集，推动会展农业所需要的如场馆以及交通、餐饮住宿各种基础条件改善，以及相关的通讯等基础设施、环境建设向郊区延伸，有效实现农村资源和城市要素的整合，极大改善城乡环境面貌，推进农业基础设施完善、环境整治和绿化美化，有效改善和提升地区基础设施水平，优化地区发展的环境。据介绍，为筹办第七届世界草莓大会，北京市和昌平区两级财政共投入资金25.23亿元，主要用于大会场馆建设、周边5条道路建设、环境改造提升工程。同样，通州区为世界食用菌大会投资2亿多元，重点建设“一路一场一园一区”等工程，极大地优化了区域发展环境。二是依靠农业会展节庆活动的专业化运作提升农产品区域品牌的价值和竞争力。农产品区域品牌是以独特的自然资源及悠久的种植、养殖方式与加工工艺历史的农产品为基础，经过长期的沉淀而形成的被消费者所认可的、具有较高知名度和影响力的名称与标识。农产品区域品牌是在做好产品品质的基础上，通过区域内部的专门化，形成区域的规模化。例如，荔浦县砂糖橘种植面积达30万亩，恭城县月柿种植面积达20万亩。区域连片化种植规模较大，在生产技术普及扩散、产品质量规格标准化、市场销售渠道、产品加工处理和综合利用等方面，都可以取得很好的规模效益。从整个农业产业发展的角度看，农产品区域品牌非常重要，具有普遍性的使用价值，超越了单个的企业品牌。品牌竞争力市场表现要素体系主要由三个部分组成：即品牌市场占有能力、品牌超额获利能力、品牌发展潜力。农业区域品牌对现代农业建设以及农业增效、农民增收具有特别重要的作用，是农业竞争力的外在表现，品牌的成长又为农业竞争力持续发展提供动力。农业区域品牌，不仅创造了发展条件，还能吸引大量的专业人群和消费者。因此，农业区域品牌的效应和品牌的溢价能够宣传、提升区域的形象，并促进区域产业结构的升级，促进区域经济的发展。据了解，2012 年，在北京市昌平区举办的第七届世界草莓大会，让北京的草莓走向了世界，中国的草莓科研水平至少提速了 5～10 年。北京市政府的投入也获得了回报：各类高级别农业会展的举办，集中展示了国内外现代农业发展的精彩成果，汇集了国内外现代农业技术的动态前沿，增进了农业产业国际交流，提升了北京农业影响力和区域整体形象。随着会展农业的快速发展，北京已成为国家农业对外展示和国内外交流的窗口，以及国内高端农业示范的平台。

总体而言，会展农业在促进农产品贸易、加快转变农业发展方式，优化产业结构布局、带动农业产业升级、打造现代农业品牌等方面发挥着不可替代的作用，在促进农民持续增收，满足消费者新的休闲需求，提高我国农业的世界影响力方面具有积极的意义。

二、会展农业产生背景和发展历程

（一）会展农业产生发展背景

会展农业的产生是伴随着中国农产品供给总体进入了总量平衡、丰年有余的阶段后，农产品由数量时代逐渐进入质量时代，农业产业链中存在着增加农产品产量和提升农产品品质，农产品生产成本攀升与农产品销售价格低迷，农产品库存高企和农产品销售不畅等矛盾。为了破解上述矛盾，一些地区纷纷开始利用农业会展巨大的推广和宣传效应，将产业资源集聚起来，战略性调整优化农业产业结构布局，促进地区特色优质农产品产业发展。例如，在1987年，作为全国知名的柑橘基地的四川铜梁县（现重庆铜梁区），在参加“第三届春节全国农副工产品展销会”时，当地产的“果大、色鲜、浓甜”优质甜橙身价陡增、人们排队抢购的情形给了当地干部很多启示，感受到“农产品不但要有数量，更要有高质量”。之后，铜梁县改变经营方式，将果农组织起来，减少流通中间环节，直接将产品运到销地上市；将运输用的竹篓改为较贵的出口纸箱，降低运输损耗；建设仓储设施，变集中调运为分批调运，延长鲜果供应期等一系列提高果品质量的措施，让本就在贮运、营养价值及深加工等方面具有优势的甜橙种植面积快速扩大，调整了当地柑橘种植结构。再如，河南驻马店市从20世纪90年代后期以“中国农产品加工洽谈会”为平台，发展农畜产品精深加工业也是一个很好的例证。河南驻马店市凭借独特资源、区位优势，围绕粮食、油料、畜禽等农业资源优势，依托中国农产品加工洽谈会这一平台，先后引进了台湾徐福记、河北君乐宝等一批知名农产品加工企业，培育壮大了十三香调味品、大程粮油、一加一面粉等一批本地骨干企业。目前农产品加工业已成为驻马店市第一大支柱产业，全市农产品加工企业发展到1 685家，年产值1 633亿元，其中市级以上重点龙头企业达到370家。

进入21世纪以来，会展农业进入比较快速的发展时期。在这一时期，农业会展在国内进入了快速发展时期，党中央、国务院从经济社会发展全局和统筹城乡工农的角度出发，提出了建设现代农业的重大任务。随之，农业品牌建设、农业供给侧改革、质量兴农战略、“一带一路”倡议相继实施，推动了各地会展农业的发展。

1. 农业会展的发展

农业会展作为会展农业重要的有机组成部分，其自身的发展与会展农业的发展有着密不可分的关联。自20世纪90年代以来，随着社会主义市场经济体制逐步建立，各级政府逐步认识到农业会展在推动农业生产方式转变、农业产业升级中的作用，举办各类农业会展的积极性大增，农业会展在我国各地发展迅速，规模不断扩大，显现出以下特点：

（1）农业会展数量快速增长。2010年中央一号文件明确提出，“发展农业会展经济，支持农产品营销”，为我国农业展会发展明确了方向。各级政府通过制定相关优惠政策鼓励农业会展的发展。我国农业会展在各级政府的支持下，出现了快速增长。农业展览的数量由2004年的122个增加到2009年的368个，5年之间翻了两番，增长速度快于会展业平均增长速度，农业展览占全行业展览总数的比重由5%上升到8%。农业会展展出内容涵盖农、林、牧、渔、食品加工、农资等农业各个领域的“大综合”型展览就有35个，占到了总数的17.4%。

（2）涌现一批国家级大型政府主导式农业会展。这当中首推1994年由科技部、商务部、教育部、农业部和陕西省人民政府联合主办的“中国杨凌农业高新科技成果博览会”。之后，1996 年的“首届中国国际渔业博览会”，1999 年的“首届中国国际花卉园艺展览会”，2003 年的“首届中国国际农产品交易会”的前身是 1999 年农业部在北京农业展览馆举办的“中国国际农业博览会”，2000 年的“首届中国（寿光）国际蔬菜科技博览会”等。这些国家级大型政府主导式农业展会集科技交流、项目洽谈、名牌认定、产品展示、贸易订货和商品销售于一体，展会的规模大、层次高、影响深远，将中国农产品由品质时代快速拉入品牌时代。数据统计，2019 年，由农业农村部主办（共同主办）的国家级农业展会达到 19 个，农业农村部事业单位举办的农业展会达到 10 个，详见表 1 和表 2。

表 1　2019 年农业农村部主办（共同主办）的展会一览

序号	展会名称	主办单位	地点
1	第三届中国国际茶叶博览会	农业农村部、浙江省人民政府	杭州
2	第十七届中国国际农产品交易会	农业农村部、江西省人民政府	南昌
3	全国新农民新技术创业创新博览会	农业农村部、中央网信办、江苏省人民政府	南京
4	中国西部（重庆）国际农产品交易会	农业农村部、重庆市人民政府等	重庆
5	中国（寿光）国际蔬菜科技博览会	农业农村部、山东省人民政府等	寿光
6	中国·贵阳国际特色农产品交易会	农业农村部、贵州省人民政府	贵阳
7	中国长春国际农业·食品博览（交易）会	农业农村部、吉林省人民政府等	长春
8	中国（廊坊）农产品交易会	农业农村部、河北省人民政府	廊坊
9	中国农产品加工业投资贸易洽谈会	农业农村部、河南省人民政府	驻马店
10	中国安徽名优农产品暨农业产业化交易会	农业农村部、安徽省人民政府	合肥
11	中国·定西马铃薯大会	农业农村部、甘肃省人民政府	定西
12	中国·陕西（洛川）国际苹果博览会	农业农村部、陕西省人民政府	洛川

（续表）

序号	展会名称	主办单位	地点
13	中国（山西）特色农产品交易博览会	农业农村部、山西省人民政府等	太原
14	中国中部（湖南）农业博览会	农业农村部、湖南省人民政府	长沙
15	中国武汉农业博览会	农业农村部、湖北省人民政府	武汉
16	中国四川（彭州）蔬菜博览会	农业农村部、四川省人民政府	彭州
17	海峡两岸现代农业博览会	农业农村部、国务院台湾事务办公室等	漳州
18	中国杨凌农业高新科技成果博览会	商务部、科学技术部、农业农村部等	杨凌示范区
19	中国（海南）国际热带农产品冬季交易会	农业农村部、海南省人民政府等	海口

数据来源：农业农村部官方网站．http：//www. nongshijie. com/a/201902/20450. html

表 2　2019 年农业农村部事业单位举办的展会一览

序号	展会名称	主办单位	地点
1	中国饲料工业展览会	全国畜牧总站、中国饲料工业协会	南宁
2	中国国际薯业博览会	农业农村部农业贸易促进中心	北京
3	中国—东盟农业国际合作展	农业农村部对外经济合作中心、广西壮族自治区农业农村厅	南宁
4	全国种子信息交流暨产品交易会（与中国国际种业博览会联合举办）	全国农业技术推广服务中心、农业农村部农业贸易促进中心 中国种子协会	济南
5	全国肥料信息交流暨产品交易会	全国农业技术推广服务中心、中国农业技术推广协会	沈阳
6	中国国际渔业博览会	农业农村部农业贸易促进中心	青岛
7	中国（北京）国际调味品及食品配料展览会	农业农村部农业贸易促进中心	南京
8	中国植保信息交流暨农药械交易会	全国农业技术推广服务中心	福州
9	中国绿色食品博览会	中国绿色食品发展中心、河南省农业农村厅、郑州市人民政府	郑州
10	全国优质农产品展销周	全国农业展览馆	北京

数据来源：农业农村部官方网站．http：//www. nongshijie. com/a/201902/20450. html

（3）农业会展举办区域及影响力日益扩大。进入20世纪后，我国农业展会分布区域扩大，呈现逐步上升发展的趋势。到2016年，我国中等规模（2 000m^2）以上农业展会数量达到314个（注：数据来自中国国际贸促会农业行业分会的农业会展统计资料），全国的多个大省，多次举办了各类农业展览会，并且取得了丰硕的成果，例如，浙江的温州，这个地区盛产茶叶、蘑菇、杨梅等农产品，而当地政府通过开展农业会展，进一步提升了产品的竞争力与影响力，据不完全统计，仅在1999年到2008年，温州市便举办了各类大小展会27次，其中包括茶叶展会11次、杨梅展会8次，蔬菜种子展会5次，特色农博会3次；在新疆，每年也都会举行各类展会，截至2019年，新疆地区已经成功地举办了19届“中国新疆国际农业展览会”，进一步将新疆的水果、棉花等优质农产品推广到全国各地，也将各地的高新技术、高端人才、高效机械带到了新疆，为新疆农业的进一步发展建设，提供动力。

（4）专业性展会纷纷涌现。1996年的“首届中国国际渔业博览会”，1999年的“首届中国国际花卉园艺展览会”，2000年的“首届中国（寿光）国际蔬菜科技博览会”等为当地整体经济水平的提升，起到了重要的推动作用。例如，连续举办了20届的“中国（寿光）国际蔬菜科技博览会”，使寿光实现了蔬菜生产的规模化、集约化、产业化和国际化，带动了当地二三产业的发展，促进了产业结构的优化升级，经济社会效益显著。进入21世纪后，专业性的会展发展势头更加明显。再以北京为例，在2009年成功举办第七届中国花卉博览会后，在2012年成功举办了第七届世界草莓大会和第18届国际食用菌大会，2014年举办了第十一届世界葡萄大会，2015年举办了第九届世界马铃薯大会，2016年举办了世界月季洲际大会，2019年举办了世界园艺博览会。北京虽非农业大省，却接连举办了多个令人瞩目的国际高级别的农业会展活动。这些世界级农业大会具有共同的特点：一是专业化，围绕某一专门的主题展开，农业展览绝大部分也是专业展览；二是规模化，会展的规模逐年增大，规模偏小的会展比例和影响明显减少；三是品牌化，农业会展开始注重品牌的创建；四是国际化，体现在举办机构、组织体制和运作规则的国际化，展会参与企业和人员的国际化。伴随着一系列专业化、规模化、品牌化、国际化的世界性农业大会及区域性农业会展的成功举办，很好地促进了北京农业的产业升级发展。

（5）已经建成一批农业品牌会展。经过多年的发展和积累，我国已经拥有了一批具有国际化、市场化、专业化、品牌化的农业展会，虽然数量不是很多，却是我国农业会展业发展历程中的亮点，这些展会对我国农业发展的引领和促进作用是非常大的。例如，中国国际渔业博览会、中国国际农产品交易会、中国（寿光）国际蔬菜科技博览会、中国国际花卉博览会、中国国际畜牧业博览会等一批展会已经确立了品牌形象，且在国际农业会展业中也获得了一定地位和影响力。这些展会中既有综合性展览，又有专业性展览；既有国际性展览，又有区域性展览；既有固定举办地的展会，又有巡回展会。可以说，我国农业展会已经初步形成了一个层次分明、涵盖广泛的完整体系。

农业会展的蓬勃发展，推动了我国会展农业的快速发展。2018年3月9日国务院办公厅发出《关于促进全域旅游发展的指导意见》（国办发〔2018〕15号）中提出："鼓励发展具备旅游功能的定制农业、会展农业、众筹农业、家庭农场、家庭牧场等新型农业业态。"

2. 现代农业的发展

现代农业是指人类历史进入现代后的农业，是以广泛使用现代生产要素为基础的农业，是实现我国农业强、农村美、农民富的基础和前提。21世纪以来，中央连续印发了12个1号文件，就如何推进现代农业建设做出了一系列部署。2012年年初，国务院发布了《全国现代农业发展规划（2011—2015年）》，提出了"十二五”时期现代农业建设的思路、目标和任务。我国现代农业建设进入加速推进时期。

（1）现代农业发展的总体思路和目标。现代农业是一个内涵广泛并且逐渐发展、不断完善的概念。现代农业就是用现代科技、现代装备、现代经营管理、现代农民等先进生产要素武装，不断提高劳动生产率、土地产出率和资源利用率，实现人与自然和谐相处的农业。从核心和共性的角度看，现代农业具有以下显著特征：一是物质装备和基础设施条件完备。农业生产的全过程所必需的物质装备和基础设施条件不断改善，先进程度不断提高。二是生产技术先进。现代的科学技术集成应用于农业，从而实现提高产量、提升质量、降低成本、保证安全的效果。三是经营规模适度。土地、劳动力、资金、管理技术等生产要素适当集中使用，达到最优配比，以获取更大的经济效益。四是产业融合发展。产加销一体、一二三产业融合，农业生产的广度和深度都不断拓展，形成一个完整的产业体系。五是产品优质安全。更加注重农产品质量安全，确保人民群众“舌尖上的安全”。六是职业农民队伍形成。农民作为一个职业象征，农业经营者成为善经营、会管理、懂技术的新型职业农民并获得体面的务农收入。七是生态环境优美。现代农业是资源节约型、环境友好型农业，在生产过程中同时改善自然环境、维护生态平衡、建设美丽乡村，提高资源永续利用能力。发展现代农业的总体思路就是要把握转变农业发展方式这条主线，围绕保障粮食等重要农产品有效供给和促进农民持续较快增收这两个目标，提高农业综合生产能力、抗风险能力和市场竞争能力，促进农业生产经营专业化、标准化、规模化、集约化，强化政策、科技、设施装备、人才和体制支撑。现代农业发展的总目标是到2020年，现代农业建设要取得突破性进展，基本形成技术装备先进、组织方式优化、产业体系完善、供给保障有力、综合效益明显的新格局，主要农产品优势区基本实现农业现代化。

（2）现代农业发展的任务。为了实现现代农业发展的目标要求，各地要努力促进农业“五大转变”。一是促进农产品供给由注重数量安全向总量安全、结构安全、质量安全、营养安全和生态安全5个安全并重转变，满足日益增长的国内消费需求。确保总量供给的基础上，逐步推动向5个安全并重转变。要稳定发展粮棉油糖、肉蛋奶、水产品生产，提高单产；要顺应人民不断增长的营养产品消费需求，优化品种结构，大力发展优质专用农产品，提高农产品品质；要加快发展无公害农产品、绿色食品和有机农产品，强化质量安全监管，进一步提升农产品质量安全水平；要从满足国内需求和缓解国内资源环境压力出发，建立不同农产品分层分级安全目标，科学规划国内生产发展优先序，统筹利用好两种资源、两个市场，更好地利用国外资源和国际市场弥补国内产需缺口；二是促进农业经营方式由兼业化的分散经营为主向专业化的适度规模经营转变，着力构建集约化、专业化、组织化、社会化相结合的新型农业经营体系；三是促进农业增长由依靠增加化肥、农药等投入品向依靠科技和提高劳动者素质转变，持续提高农业科技进步贡献率和农业资源利用率。统筹实施科技创新驱动、资源利用升级、布局再平衡、贸易互补和农业标准化“五大战略”，切实把农业增长转到依靠科技进步和提高劳动者素质的轨道上来；四是促进农业生产由“靠天吃饭”向提高物质装备水平转变，努力夯实现代农业发展的物质基础；五是促进农业功能由单一的农产品生产为主向一二三产加速融合转变，真正实现产加销协调发展、生产生活生态有机结合。要发挥农业生态涵养功能，大力发展生态农业、绿色农业；要深入挖掘农业的观光休闲、科学普及、文化传承等多种功能，建设一批观光农业、休闲农业、高科技农业、科普农业等园区，带动农业功能拓展提升，促进产业结构优化升级。

现代农业发展的思路、目标和任务，明确了农业供给功能本源不变甚至不断强化的同时，观光旅游休闲、生态环境保护、文化传承功能不断地凸显，农业的就业功能、收入功能也保持稳定。从业态来看，农业将由单一的物质产出向非物质产出转换，这种农业与工业的结合、农业与文化的结合、农业与旅游的结合、农业与商业的结合、农业与生态的结合为会展农业发展提供了机遇。

3. 品牌农业建设

品牌农业是经营者通过取得相关质量认证，取得相应的商标权，通过提高市场认知度，并且在社会上获得了良好口碑的农业类产品，从而获取较高经济效益的农业。品牌农业建设是推进现代农业建设的重要组成部分。进入21世纪后，中央一号文件多年持续关注品牌农业建设，持续不断地对品牌农业建设提出指导性的意见。

（1）中央文件力推品牌农业发展。2004年1月中央印发的《中共中央国务院关于促进农民增加收入若干政策的意见》指出：要加快实施优势农产品区域布局规划，充分发挥各地的比较优势，继续调整农业区域布局；培育农产品营销主体；扩大优势农产品出口；进一步加强农业标准化工作，深入开展农业标准化示范区建设；推行农产品原产地标记制度等。尽管该文件没有明确提到“品牌”二字，但从中可以看出，中央已经开始部署，为区域农产品的品牌化奠定了规模基础。2005年中央一号文件中关于“大力发展特色农业”的部分写道：发挥区域比较优势，建设农产品产业带，发展特色农业；建设特色农业标准化示范基地，筛选、繁育优良品种，把传统生产方式与现代技术结合起来，提升特色农产品的品质和生产水平；各地和有关部门要专门制订规划，明确相关政策，加快发展特色农业；加大对特色农产品的保护力度，加快推行原产地等标识制度，维护原产地生产经营者的合法权益；整合特色农产品品牌，支持做大做强名牌产品；提高农产品国际竞争力，促进优势农产品出口，扩大农业对外开放。2006年的中央一号文件，特别强调了要推进“一村一品，实现增质增效”战略。在特色农业发展建设方面，文件着重指出：加快建设优势农产品产业带，积极发展特色农业、绿色食品和生态农业，保护农产品知名品牌，培育壮大主导产业，党中央和国务院十分重视“三品一标”建设。2007年中央一号文件关于农业品牌化，明确指出：搞好无公害农产品、绿色食品、有机食品认证，依法保护农产品注册商标、地理标志和知名品牌，支持农产品出口企业在国外市场注册品牌。从这里可以看出，在中央一号文件中，除了“三品一标”外，对农业品牌化的关注范围已开始扩展到“农产品注册商标、知名品牌”等领域。2008年中央一号文件提出：积极发展绿色食品和有机食品，培育名牌农产品，加强农产品地理标志保护。2009年的中央一号文件提出“推动龙头企业、农业专业合作社、专业大户等率先实行标准化生产，支持建设绿色和有机农产品生产基地”，从中可以看出，农业品牌化的进程得到进一步深化和加强，农业标准化是实现品牌化的必经之路。2010年的中央一号文件指出：积极发展无公害农产品、绿色食品、有机农产品；大力培育农村经纪人，充分运用地理标志和农产品商标促进特色农业发展。2010年，国家工商总局认真贯彻落实中央一号文件精神，加大农产品商标和地理标志的注册保护力度，积极推进商标富农工作，着力培育一批具有国际竞争力的地理标志、农产品商标，支持鼓励以特色产业带动农业产业结构调整。到了2012年，中央一号文件对加强流通设施建设、创新流通方式、完善市场调控，做出了具体部署，明确要求培育具有全国性和地方特色的农产品展会品牌。2013年的中央一号文件提出：深入实施商标富农工程，强化农产品地理标志和商标保护；增加扶持农业产业化资金，支持龙头企业建设原料基地、节能减排、培育品牌。2014年中央一号文件提出的“强化农业支持保护制度，建立农业可持续发展长效机制”是中央一号文件8个部分中篇幅最大、着墨最多的，目的就是保证农产品市场竞争力和品牌生产力。2015年的中央一号文件内容包含了两个首次：一是首次提出要把追求产量为主，转到数量、质量、效益并重上来；二是首次提及要推进农村一二三产业融合发展，通过延长农业产业链、提高农业附加值促进农民增收。在“提升农产品质量和食品安全水平”部分，文件则明确指出：大力发展名特优新农产品，培育知名品牌。2016年，农业供给侧结构性改革被写进中央一号文件。文件指出：目前我国农产品数量上供大于求，质量上难以满足广大民众需求的现象较为普遍，这些问题相当一部分出在农业供给侧方面。农业转型升级要从农业供给侧入手，调整农业产业结构，提高农产品质量，增加有效供给，是解决“三农”问题重要的着力点。此外，“发展新理念”首次被写入中央一号文件，同时文件还强调“农业绿色发展”，并提出“产业融合作为农民收入持续较快增长手段”。关于农业品牌化方面，2016年中央一号文件做出“实施食品安全战略”的部署，强调要创建优质农产品和食品品牌；对于农产品“接二连三”，文件也明确指出：推动农产品加工业转型升级，培育一批农产品精深加工领军企业和国内外知名品牌。2017年中央一号文件明确指出支持新型农业经营主体申请“三品一标”认证，推进农产品商标注册便利化，强化品牌保护。2017年农业部一号文件《农业部关于推进农业供给侧结构性改革的实施意见》提出：加快推进农业品牌建设，深入实施农业品牌战略；支持地方以优势企业、产业联盟和行业协会为依托，重点在粮油、果茶、瓜菜、畜产品、水产品等大宗作物及特色产业上培养一批市场信誉度高、影响力大的区域公用品牌、企业品牌和产品品牌。强化品牌培育塑造，发布中国农业品牌发展指导文件，探索建立农业品牌目录制度及品牌评价体系，发布100个区域公用品牌。组织开展品牌培训，强化经验交流，提升农业品牌建设与管理的能力和水平。搭建品牌农产品营销推介平台，将2017年确定为“农业品牌推进年”，举办中国农业品牌发展大会、中国国际农产品交易会、中国国际茶叶博览会等品牌推介活动，推进系列化、专业化的大品牌建设。2018年的中央一号文件，主题围绕“实施乡村振兴战略”着重指出“坚持抓产业必须抓质量，抓质量必须树品牌，坚定不移推进质量兴农、品牌强农，提高农业绿色化、优质化、特色化、品牌化水平”。2018年6月，农业农村部贯彻实施中央一号文件的精神，发布了《农业农村部关于加快推进品牌强农的意见》，为农业品牌建设做了全方位布局，提出力争在 3～5 年内，实现我国农业品牌化水平显著提高，品牌产品市场占有率、消费者信任度、溢价能力明显提升，中高端产品供给能力明显提高，品牌带动产业发展和效益提升作用明显增强。国家级、省级、地市级、县市级多层级协同发展、相互促进的农业品牌梯队全面建立，规模化生产、集约化经营、多元化营销的现代农业品牌发展格局初步形成。重点培育一批全国影响力大、辐射带动范围广、国际竞争力强、文化底蕴深厚的国家级农业品牌，打造 300 个国家级农产品区域公用品牌，500 个国家级农业企业品牌，1 000 个农产品品牌。2019 年中央一号文件提出：发展壮大乡村产业，拓宽农民增收渠道，要加快发展乡村特色产业；因地制宜发展多样性特色农业，倡导“一村一品”“一县一业”；积极发展果菜茶、食用菌、杂粮杂豆、薯类、中药材、特色养殖、林特花卉苗木等产业；支持建设一批特色农产品优势区；创新发展具有民族和地域特色的乡村手工业，大力挖掘农村能工巧匠，培育一批家庭工场、手工作坊、乡村车间；健全特色农产品质量标准体系，强化农产品地理标志和商标保护，创响一批“土字号”“乡字号”特色产品品牌。2019 年农业农村部一号文件《国家质量兴农战略规划（2018—2022 年）》，进一步强调农业要“绿色化、优质化、特色化、品牌化”发展。要大力推进农产品区域公用品牌、企业品牌、农产品品牌建设，打造高品质、有口碑的农业“金字招牌”。广泛利用传统媒体和“互联网＋”等新兴手段加强品牌市场营销，讲好农业品牌的中国故事。强化品牌授权管理和产权保护，严厉惩治仿冒假劣行为。加快农业绿色发展，持续创建特色农产品优势区。充分发挥引领示范作用，2022 年特色农产品优势区达到 300 个以上。

（2）推动农业品牌建设的着力点。推进农业品牌建设应着力于 4 个方面：一是注重以质取胜，用质量创品牌。品质是品牌的前提和基础，是抵御市场风险的基石。要以工匠精神提升农业产品品质，适应城乡居民消费升级，确保在粮食安全基础上，大力发展绿色农产品，推进农产品由“大”向“精”转变，夯实品牌建设的质量基础。二是对标市场，用标准立品牌。打造品牌，质量是基础，标准是保障。要发挥标准化的基础保障作用，以特色塑造品牌的独特性，以标准确保品牌的稳定性。要推进标准体系建设，建立健全农产品生产标准、加工标准、流通标准和质量安全标准，推进不同标准间衔接配套，形成完整体系。将品牌打造与粮食生产功能区、重要农产品生产保护区、特色农产品优势区建设、绿色和有机等产品认证紧密结合，打造一批全国知名品牌、特色农产品品牌。作为农业大国，我国还缺少具有国际竞争力的农产品品牌。国际化品牌的前提是标准化，要与国际 GAP 认证体系接轨，鼓励企业采用卓越绩效模式、精益生产、现场管理等质量管理方法，推广 ISO 9000 系列质量管理标准及 GMP 和 HACCP 管理体系标准。推进品牌培育能力建设，创建一批知名品牌。在此基础上，将优质品牌推广到国际市场，向世界品牌迈进。三是增强产业思维，用经营强品牌。产业升级，为品牌强力助推，要用“农业 +”的产业思维盘活运营模式。纵观整个农业产业链和价值链，制约产业效益和效率提升的重要一环在流通。要以品牌为引领，通过加大流通领域的工作，提高品牌在价值链中的地位。引导市场需求，通过品牌创造顾客价值，提高消费者的获得感。调整优化产业结构，完善农业经营，创新农业模式，建设现代农业经营体系。中国特色品牌的命脉在于有品质保障、有产业支撑、有商业盘活的企业运作。四是尊重自然规律，用可持续发展保品牌。中国的传统文化讲究人与自然和谐发展。发展品牌农业要顺应自然环境，实现生产稳定发展、资源永续利用、生态环境友好。五是品牌营销运营。提升农产品的品牌知名度，让更多的消费者知道优质的农产品，这就需要对农产品品牌进行全面的宣传。

可见，中央文件对品牌农业建设的持续推动，品牌农业建设的着力点都为各地通过举办农业会展推动地区农业品牌建设提供了有利的政策和方法指导。

4. 农业供给侧改革

经过多年不懈的努力，中国农业发展已进入新的历史阶段。农业的主要矛盾由总量不足转变为结构性矛盾，突出表现为阶段性供过于求和供给不足并存，矛盾的主要方面在供给侧。近几年，我国在农业转方式、调结构、促改革等方面进行积极探索，为进一步推进农业转型升级打下一定基础，但农产品供求结构失衡、要素配置不合理、资源环境压力大、农民收入持续增长乏力等问题仍很突出，增加产量与提升品质、成本攀升与价格低迷、库存高企与销售不畅、小生产与大市场、国内外价格倒挂等矛盾亟待破解。2015年12月召开的中共中央农村工作会议强调，要着力加强农业供给侧结构性改革，提高农业供给体系质量和效率，使农产品供给数量充足、品种和质量契合消费者需要，真正形成结构合理、保障有力的农产品有效供给。2016年3月，习近平总书记在参加全国人大会议湖南代表团审议时明确指出，新形势下，农业主要矛盾已经由总量不足转变为结构性矛盾，主要表现为阶段性的供过于求和供给不足并存。推进农业供给侧结构性改革，提高农业综合效益和竞争力，是当前和今后一个时期我国农业政策改革和完善的主要方向。2017年，中共中央、国务院出台了《关于深入推进农业供给侧结构性改革加快培育农业农村发展新动能的若干意见》，随后，农业部印发《关于推进农业供给侧结构性改革的实施意见》、国家发展与改革委制定《关于深入推进农业供给侧结构性改革的实施意见》。农业供给侧结构性改革对农业产业发展提出了新的目标要求。

（1）优化农业产业体系、生产体系、经营体系。农业供给侧改革的方向是不断优化调整农业的产品结构、生产结构和区域结构，合理开发更多农业资源，提高优质农产品的供给数量和种类。为此，各地要优化农业产业体系、生产体系、经营体系。产业体系聚焦于农业各产业的健康可持续发展，主要涉及“生产哪些产品”和

“表现哪些功能”，彰显现代农业发展的产业格局和总体架构。生产体系聚焦于产品及生产能力，主要涉及“生产什么样的产品”和“生产条件如何”，反映现代农业发展的最终成果和物质基础。经营体系聚焦于主体及其经营方式，事关“谁来生产”和“怎么组织生产”，是现代农业发展的体制机制保障和组织支撑。产业体系和生产体系属于生产力范畴，经营体系属于生产关系范畴，三大体系是一个有机整体，彼此联结、互为依托、互相促进，共同影响现代农业的供给总量、结构、质量和效率，是供给侧结构性改革的重要着力点。

（2）促进融合发展，优化产业结构，努力做强一产、做优二产、做活三产，提高农业全产业链收益。一是向纵深延伸，延长产业链，促进农业产业从田间到餐桌全覆盖，拓宽增值空间；保障供应链，实现农业生产供应的全球化布局，增强保障水平；提升价值链，通过品牌塑造和市场营销，获得溢出效益；完善生态链，坚持绿色理念，实现发展可持续。二是向横向拓展，在确保粮棉油、肉蛋奶等基本农产品生产供给的同时，凸显农业的生态环境保护、观光旅游休闲和文化传承等非生产功能。三是发展农村新产业新业态，挖掘农业产业的价值，推进一二三产业融合实践，实现农业的全环节升级、全链条升值。

（3）适应市场需求，优化产品结构，把提高农产品质量放在更加突出位置。一是优化产品结构和品质结构，提高农产品品质和效益。发挥规模经营的引领作用，促进现代生产要素集中投入；大力推进标准化、绿色化生产，加强品牌建设，让消费者看了心动、买了心安。二是提高农产品竞争力。2015 年，我国蔬菜、水果、水产品贸易顺差分别为 127 亿美元、10 亿美元和 114 亿美元。充分表明，我国在劳动密集、技术密集甚至资本密集农产品生产方面，有相对竞争力，要大力发展。各地要依托各自资源禀赋，发展特色产业、主导产业，发挥比较优势，提升竞争力。三是优化农产品区域布局。通过适度规模经营优化产业结构。做大做强优势特色产业。

实施优势特色农业提质增效行动计划，促进杂粮杂豆、蔬菜瓜果、茶叶蚕桑、花卉苗木、食用菌、中药材和特色养殖等产业提档升级，把地方土特产和小品种做成带动农民增收的大产业。开展特色农产品标准化生产示范，建设一批地理标志农产品和原产地保护基地。推进区域农产品公用品牌建设，支持地方以优势企业和行业协会为依托打造区域特色品牌，引入现代要素改造提升传统名优品牌。制定特色农产品优势区建设规划，建立评价标准和技术支撑体系，鼓励各地争创园艺产品、畜产品、水产品、林特产品等特色农产品优势区。四是加强创新驱动。据测算，2015 年我国农业全要素生产率为 55.8%，远低于美国 80% 的水平。要加快科技创新，调动科技人员的积极性，增强农业发展动能，强化生态伦理，走创新驱动、内涵发展之路。总之要通过在品种结构、空间布局和生产投入上的优化调整，构筑产品优良、适销对路、布局合理、高效集约的现代农业生产体系。

总之，推进农业供给侧结构性改革要紧紧围绕市场需求变化，以增加农民收入、保障有效供给为主要目标，以提高农业供给质量为主攻方向，以体制改革和机制创新为根本途径，优化农业产业体系、生产体系、经营体系，提高土地产出率、资源利用率、劳动生产率。推进三大调整，包括调优产品结构、调好生产方式、调顺产业体系。调优产品结构，突出一个“优”字。顺应市场需求变化，消除无效供给，增加有效供给，减少低端供给，拓展高端供给。调好生产方式，突出一个“绿”字。推行绿色生产方式，修复治理生态环境。调顺产业体系，突出一个“新”字。着力发展农村新产业新业态，促进三产深度融合，实现农业的全环节升级、全链条升值。这为会展农业的发展提供了广大的空间。在这方面，已经有一些地方开始了积极的实践，自觉依托本地产业优势，积极举办高规格的国际性农业会议，引导产业调整和升级，取得了很好的效果。例如，陕西省通过国际苹果会议提升苹果品质；云南省通过国际坚果会议发展坚果产业；海南省通过国际会议和展览会带动咖啡生产与加工，带动海南农产品产业升级；广西通过国际芒果会议扩大了芒果种植，广西的红阳牌红心猕猴桃、恭城的月柿等都是通过举办各种形式的农业会展活动而发展起来的融经济、生态、生活为一体的新型农业产业。

5. 实施质量兴农战略

随着我国经济进入高质量发展阶段，补齐农业短板、促进农业高质量发展的要求更加迫切。习近平总书记指出，我国经济由高速增长转向高质量发展，这是必须迈过的坎，每个产业、每个企业都要朝着这个方向坚定往前走。经过多年的发展，我国农业进入转变发展方式、优化产业结构、转换增长动力的攻关期，站在了转向高质量发展的历史关口。大力实施质量兴农战略，加快推进农业由增产导向转向提质导向，既是满足城乡居民多层次、个性化消费需求，增强人民群众幸福感、获得感的重大举措；又是提高农业发展质量效益，推进乡村全面振兴、加快农业农村现代化的必然要求。2019 年，农业农村部等七部门联合印发了《国家质量兴农战略规划(2018—2022 年)》。《国家质量兴农战略规划（2018—2022 年)》的提出，为加快农业提质增效明确了目标和方向。

（1）质量兴农的目标要求。《国家质量兴农战略规划（2018—2022 年)》明确提出到 2022 年，初步实现“四高一强”。“四高”即一是产品质量高。绿色优质农产品供给数量大幅提升，口感更好、品质更优、营养更均衡、特色更鲜明。农产品质量安全例行监测总体合格率稳定在 98% 以上，绿色、有机、地理标志农产品认证登记数量年均增长 6%。二是产业效益高。一二三产业深度融合发展，农业增值空间不断拓展。规模以上农产品加工业产值与农业总产值之比达到 2. 5∶1，畜禽养殖规模化率提高到 66%。三是生产效率高。农业劳动生产率、土地产出率、资源利用率全面提高，农业劳动生产率、土地产出率、农作物耕种收综合机械化率和农田灌溉水有效利用系数分别达到 5. 5 万元/人、4 000 元/亩、71% 和 0. 56。

四是经营者素质高。专业化、年轻化的新型职业农民比重大幅提升，新型经营主体、社会化服务组织更加规范。高中以上文化程度的职业农民占比达到35%，县级以上示范家庭农场、国家农民专业合作社示范社认定数量分别达到10万家、1万家。“一强”即国际竞争力强。国内农产品品质和农业生产服务比较优势明显提高，统筹利用两种资源、两个市场能力进一步增强。培育形成一批具有国际竞争力的大粮商和跨国涉农企业集团，农业“走出去”步伐加快，农产品出口额年均增长3%。到2035年，质量兴农制度体系更加完善，现代农业产业体系、生产体系、经营体系全面建立，农业质量效益和竞争力大幅提升，农业高质量发展取得决定性进展，农业农村现代化基本实现。

（2）质量兴农的重点任务。一是加快推进农业绿色发展。立足水土资源匹配，调整完善农业生产力布局，推进保供给和保生态有机统一。严守耕地红线，加强节水灌溉工程建设和节水改造，促进水土资源节约高效利用。深入推进化肥减量增效行动，加快实施化学农药减量替代计划，着力推进绿色防控，强化兽药和饲料添加剂使用管理，逐步提高农业投入品科学使用水平。加强土壤污染防治，持续推进秸秆综合利用和农膜回收，切实抓好畜禽粪污资源化利用，全面加强产地环境保护与治理。二是推进农业全程标准化。加快建立与农业高质量发展相适应的农业标准及技术规范，健全完善农业全产业链标准体系。引进转化国际先进农业标准，推进“一带一路”农业标准互认协同，加快与国外先进标准全面接轨。建立生产记录台账制度，实施农产品质量全程控制生产基地创建工程，在“菜篮子”大县、畜牧大县和现代农业产业园全面推行全程标准化生产。三是促进农业全产业链融合。开展农村一二三产业融合发展推进行动，建设一批现代农业产业园和农村产业融合发展先导区，促进农产品加工就地就近转化增值。强化产地市场体系建设，加快建设布局合理、分工明确、优势互补的全国性、区域性和田头三级产地市场体系。加快完善农村物流基础设施网络，创新农产品流通方式，推进电子商务进农村综合示范，大力发展农产品电子商务。建设一批美丽休闲乡村、乡村民宿等精品线路和农村创新创业园区，培育农村新产业新业态。四是培育提升农业品牌。实施农业品牌提升行动，培育一批叫得响、过得硬、有影响力的农产品区域公用品牌、企业品牌、农产品品牌。加快建立农业品牌目录制度，全面加强农业品牌监管，构建农业品牌保护体系。创新品牌营销方式，讲好农业品牌故事，加强农业品牌宣传推介。加强市场潜力大、具有出口竞争优势的农业品牌建设，打造国际知名农业品牌。五是提高农产品质量安全水平。保障农产品质量安全，是质量兴农的底线。进一步加强农产品质量安全监测，改进监测方法，扩大监测范围，深化例行监测和监督抽查。健全省、市、县、乡、村五级农产品质量安全监管体系，充实基层监管机构条件和手段，切实提高执法监管能力。建设国家农产品质量安全追溯管理信息平台，推动建立食用农产品合格证制度，继续开展国家农产品质量安全县创建。深入推进农产品质量安全风险评估，建立农产品质量安全风险预警机制。六是强化农业科技创新。开展质量导向型科技攻关，强化农业创新驱动。组织实施良种联合攻关，培育和推广口感好、品质佳、营养丰、多抗广适新品种，加强特色畜禽水产良种资源保护。着力提升农机装备质量水平，大力推进主要农作物生产全程机械化，积极推进农作物品种、栽培技术和机械装备集成配套，促进农机农艺融合创新发展。加快发展信息化，深入实施信息进村入户工程，组织实施“互联网+”农产品出村进城工程，开展数字农业建设，完善重要农业资源数据库和台账，推进重要农产品全产业链大数据建设。七是建设高素质农业人才队伍。实施新型农业经营主体培育工程，支持家庭农场、农民合作社、产业化龙头企业提升质量控制能力。加强新型职业农民培育，每年培训新型职业农民100万人以上，推动全面建立职业农民制度。支持建设区域性农业社会化服务综合平台，推进农业生产全程社会化服务。支持农垦率先建立农产品质量等级评价标准体系和农产品全面质量管理平台，打造质量兴农的农垦国家队。

实施质量兴农战略，推动农业由增产导向转向提质导向，为会展农业顺势而为、乘势而上提供了很好的发展机遇。各地都认识到会展农业在开发农业多重功能，延伸农业产业链，较好地达成一二三产业融合，提升农业市场化、产业化和国际化水平，培育农业品牌，促进农产品贸易和农村经济发展，增强农业的国际竞争力，提高农民收入等方面发挥的重要作用。遵循农业发展规律和时代发展要求，通过发展会展农业破解农业产业链条短、产销衔接弱、质量效益低等突出制约，全面推进农业发展质量变革、效率变革、动力变革，努力开创质量兴农新局面。

6. “一带一路”背景下的机遇

2013 年习近平总书记提出了“新丝绸之路经济带”和“21 世纪海上丝绸之路”的概念，旨在加强中国与周边国家之间的经济交流与合作，传承和发扬传统的“丝绸之路”精神，实现共同发展。“一带一路”中的“带”指的是中国与周边国家以及欧洲国家形成经济带，实现经济的交流与合作。“路”则是指两个方面的海上丝绸之路，一是从我国沿海经印度洋到达欧洲国家；二是中国沿海到南太平洋。“一带一路”倡议是在全球经济一体化的大背景下，我国结合自身经济发展水平及产业结构特点而做出的重大战略决策。这种以“走出去”为主要特征的国际区域经济合作新模式，给处在“一带一路”沿线的区域带来巨大的发展机遇，通过举办各类博览会、研讨会、论坛、峰会，吸引沿途不同国家和地区的专家学者、商人、官员、普通群众，增进相互间的理解、交流，有利于实现中国与周边国家农业资源的互补，促进农业国际产能合作，把国内农业产业的价值链，通过投资、合作等方式延伸到境外，形成“一带一路”全区域的农业供应链，强化沿线国家和地区农业产业的发展和经济增长，促进国内农业产业转型升级，把本国的农业产品及相关技术输往国外。“一带一路”倡议给会展农业带来新要求新动力，推动会展农业迈向国际发展。

（1）“一带一路”为会展农业创造了良好的外部环境。“一带一路”使得我国农业的“走出去”进程引起了各级地方政府的重视。各地政府纷纷通过各种论坛、农业展会这一平台，将我国与“一带一路”沿线各国的优势农业资源对接起来，实现相关农业实体的合作共赢，充分利用国内国际两个市场两种资源不断延伸产业链，使我国农民能够从产业链的增值过程中获取更多的收益。开展农业国际合作已经成为“一带一路”沿线各国农业发展对外开放的共同愿景，通过优化农产品贸易合作，拓展农业投资合作，促进农业要素有序流动，农产品市场深度融合，将有力推动沿线各国实现互利共赢。我国与“一带一路”沿线的大部分国家都签署了双边农业合作协议，构建了多层次的政府间政策联动机制与交流机制。截止到 2019 年 6 月，我国在“一带一路”参与国开展农业投资合作的项目已经超过了 650 个，投资存量达到 94.4 亿美元，较五年前增长了 70%。我国已经与 80 多个国家签署了农渔业合作文件，在参与国认定建设了 10 个农业合作示范区。2018 年中国与 124 个“一带一路”共建国家的农产品贸易额达到了 770 亿美元，比 2014 年增长了 17.8%。2019 年 1—5 月，我国农产品进出口总额达 6239.6 亿元，同比增长 10.6%。其中，我国农产品进口同比增长 14.1%，出口同比增长 4.1%。

（2）“一带一路”倡议为会展农业发展打开了广阔的市场。由于“一带一路”国家涵盖大量新兴经济体和发展中国家，涉及的国家及地区非常广泛。据报道，其沿线包括中亚、西亚、东欧等 38 个国家和地区，覆盖的人口总量约 30 亿人，规模巨大的潜在市场，借助举办农业会议和展览，将逐步建成高水平的市场网络，形成公平、安全、合理、稳定的农产品市场体系，将有效拉动我国农产品出口，为我国农业发展带来了更大的机遇。例如，福建借助 2019 首届“一带一路”农产品农资投资合作高峰论坛平台举办的首届“一带一路”农产品农资（电商）交易会，就吸引了 33 个国家和地区、35 个国际组织、16 个省参展参会，300 多家企业参展、近

300个采购投资商参会。展会期间，24个国际合作项目现场签约。其中，1亿元以上的贸易项目9个，金额达262亿元；1亿元以上的投资项目5个，金额达33亿元。再如，2019年第22届“中国（海南）国际热带农产品冬季交易会”上“一带一路”展区吸引了32个国家的382个企业报名参展。在海南建设自由贸易试验区、中国特色自由贸易港大背景下，冬交会已然成为海南农业加强与“一带一路”沿线国家和地区合作的重要窗口，并逐渐成为“一带一路”沿线国家和地区开展投资贸易合作的重要平台。据报道，2019年海南冬交会的订单金额和销售金额分别达到了774.5亿元、1.8亿元。这一数字的背后离不开海南近年来不断做强、做精、做优的热带高效农业，彰显了海南农业品牌的吸引力。截至2019年11月，海南拥有农产品地理标志34个，“三品一标”545个，其中无公害农产品376个，绿色食品124个，有机农产品15个。三亚杧果、澄迈福橙、三亚甜瓜、澄迈桥头地瓜、文昌椰子等5个区域公用品牌，入选中国农业品牌目录。

当下，农业仍是“一带一路”沿线国家和地区国民经济的重要基础，通过农业会展加强合作交流，是“一带一路”沿线国家和地区迫切的需要与共同愿景。随着“一带一路”倡议的深入实施，构建农业对外合作新格局，推进农业绿色发展，促进国内农业产业转型升级，会展农业将面临新的发展机遇。

（二）会展农业的发展历程

会展农业是伴随着农业会展的发展而发展起来的。我国的农业会展经历了改革开放后的起步阶段和20世纪90年代中后期以来的快速发展阶段。在农业会展的起步阶段，虽然各地和各部门也举办了一些农业展会，但持续壮大起来并且形成一定影响力的则很少，真正办出水平，形成品牌的展会则更少。20世纪90年代中后期，农业会展进入了快速发展阶段。这个阶段我国农业会展在各地大量涌现，规模较前一时期均有较大的增长，一批层次高、规模大、影响深远的政府主导型的大型农业展会开始兴起。农业会展现代化水平越来越高，会展区域及影响力日益扩大，会展功能发挥日益完善。同时，农业会展也呈现出了专业化、规模化、品牌化和国际化趋势，部分专业的农业会展成为相关行业领域的知名盛会，各级政府举办农业会展的积极性大增，农业会展办展主体日益多元，行业竞争不断加剧。伴随着农业会展的发展，我国会展农业的发展大致经历了萌芽、初期发展和中期发展阶段。

1. 会展农业萌芽阶段

在会展农业的萌芽阶段，农业生产者和经营者主要通过参加各类农产品展销会，了解农业发展的新情况、新问题、新经验和创新成果，并将此作为确定农业投入重点领域、重点产业、重点方向和项目支持的重要依据之一，调整农业生产结构。会展农业萌芽阶段的产生时期正是我国现代农业建设的全面探索时期，1979 年《中共中央关于加快农业发展若干问题的决定》，首次对建设现代农业做出了 8 个方面的部署，在现代农业内涵中加入农业合理布局、生产区域化、专业化、农工商一体化、产供销一体化以及小城镇建设等内容。这一阶段，以家庭联产承包为基础、统分结合的双层经营体制逐渐确立，极大地解放了农村生产力，农产品供给总体进入了总量平衡、丰年有余的新阶段。中国主要农产品由卖方市场转变为买方市场，农产品供给在受到资源约束的同时，越来越受到市场需求的约束，农产品由“政府决定生产，生产决定流通，流通决定市场，市场决定消费”的时代转向“消费决定市场，市场决定流通，流通决定生产，政府调控经济”的格局。这个阶段大致在 20 世纪 80 年代中后期至 90 年代初期，这一阶段的特点是农产品的生产经营者需要通过大型农业会展活动，引领和改善地区农业经营活动。

2. 会展农业初期发展阶段

在会展农业的初期发展阶段，各地通过举办农业节庆、农产品展销等农业会展活动，带动了一批农业观光园、果蔬采摘园、农事体验区和旅游专业村的发展。这些农业园区吸引着同行和社区居民前来交流、观光、采摘，使农业不仅满足人们对“胃”的需求，还满足人们对“肺”“眼”“脑”等多种需求，农业的多功能性得到充分显现，提高了举办地农业的地位和形象，促进了区域农业产业的发展，创造了良好的经济效益和社会效益。这一时期比较有代表性的如北京大兴西瓜节、梨花节，北京平谷的桃花节。始于1988年的大兴西瓜节，到2019年已经连续举办了31届。西瓜节的举办促进了大兴西（甜）瓜生产技术水平的提高、瓜农种瓜理念的更新，强化和展示了大兴西瓜优势，包括庞各庄、安定两个镇在内的6个主产瓜乡，已形成了一条西瓜产业带，4个西瓜产业区，安全绿色生产与优质品牌建设同步推进，乡村文化旅游与农民增收致富深度融合，西甜瓜产业已由传统粗放经营走上现代发展道路。农业节庆活动一端连着文化和生态，一端连着产业，在提升乡村知名度、增加农民创收、促进农业农村转型发展等方面发挥了重要作用。农业会展初期发展阶段大致在20世纪90年代至21世纪初期，这一阶段的主要特点：一是以举办具有地方特色的各类农业节庆活动为主要形式，二是以提升地区农产品知名度为主要的目。

3. 会展农业中期发展阶段

会展农业中期发展阶段的表现主要是：借助农业产业优势、靠近都市消费市场的地缘优势以及农业会展中心的信息优势，通过举办有影响力的大型农业会展活动，建设影响全国、辐射世界的现代农产品和技术的交易中心、信息中心和标准中心。重点发挥会展活动展示、交易、信息的综合功能，建立现代农业产品、技术的询价机制，成为现代农产品和技术的信息港，进而掌控农产品和技术标准制定的权利和能力，进一步实现会展、农业、商贸、旅游、传媒、文化等更多产业融合于一体的综合功能。会展农业中期发展阶段的时间为21世纪初至今，这一阶段的特点：一是以举办大型有影响力的大型农业会展为主要形式；二是实现农业与相关产业的全方位整合，集展示、商贸、休闲、娱乐、科普、教育、示范等功能于一体；三是以地区打造成为农业经济的市场中心、标准中心、信息中心为目标。

三、会展农业理论基础

会展农业是会展业与农业有机融合的产物，是现代农业的一种实现形式。现代农业是不断释放农业多产业、多业态功能，呈现多元化的产业形态和多功能的产业体系。随着农业现代化的推进，原来尚不存在的产业，现在普遍出现；原来星星点点的产业，现在无处不在。观光旅游休闲、生态环境保护、“互联网+”等新业态，在很大程度上改变了农业有边有形、平面发展的物理形态或区域状态。山水林田湖草等六篇文章一起做，农业已经由有边有形变为了无边无形，由平面向立体伸延，由单一的物质供给向非物质供给延伸。会展农业作为以农业、农俗、农产品为载体，以会议、展览、展销、节庆、农事等活动为表征，融合旅游、文化、餐饮、服务、物流等多种业态的现代农业高端形态，既是经济、生态、生活功能融合的平台，也是农业研发、休闲旅游、文化创意、农产品加工等价值整合的平台。会展农业作为现代农业多产业、多业态的一种表现，是在产业经济、会展经济和体验经济等理论基础支撑下，发展现代农业的实践中提出的新概念。支撑会展农业发展的基础理论主要有产业经济学理论、微观经济理论、会展经济理论和体验经济理论。

（一）产业经济理论

1. 产业组织理论

产业组织理论是20世纪30年代以来在西方国家产生和发展起

来的，以特定产业内部的市场结构、市场行为和市场绩效及其内在联系为主要研究对象，以揭示产业组织活动的内在规律性，为现实经济活动的参与者提供决策依据，为政策的制定者提供政策建议为目标的一门微观应用经济学。这一理论自产生以来就一直对西方国家产业组织政策的制定产生着重要的影响。产业组织理论的基本体系由市场结构、市场行为和市场绩效三个基本范畴构成，三者之间存在着相互作用、相互影响的关系。一方面，从短期看，市场结构决定市场行为，市场行为决定市场绩效；另一方面，从长期看，市场绩效对市场行为、市场行为对市场结构也有一定的反作用。市场结构—市场行为—市场绩效构成了产业组织理论的基本分析框架和分析范围，产业组织理论不同学派的观点均是围绕结构、行为和绩效这三大市场要素展开的。

长期以来，人们对资源配置的认识是建立在亚当·斯密关于“看不见的手”和市场机制学说基础上的，即在完全竞争的市场条件下，一切资源的流动都以均衡价格的高低为导向，在不受外界因素干扰的情况下，这一流动过程将持续到社会各部门的利润平均化时才会停止。此时资源的配置便达到了最佳均衡状态，厂商在均衡价格体系的调节下，只需按照边际成本等于边际收益的基本原则来进行投资和生产，便可以使成本达到最低，产量达于最佳，生产出来的产品刚好能够满足社会的需求，消费者也可以得到最多的剩余。这种古典理论所包含的政策含义是：在完全竞争条件下，市场是实现资源配置的最佳方式，任何人为干预市场的做法都是不必要的。19 世纪末期，以马歇尔为代表的新古典经济学看到了现实经济活动中存在的垄断现象，并指出垄断会带来垄断利润的产生或均衡价格的上升，妨碍资源的最优配置。但他们又认为垄断只不过是竞争过程中的暂时现象，长期发展当中，垄断企业终将因技术进步受到阻碍而无法维持垄断地位，从而恢复到完全竞争状态，所以长期发展当中调节市场均衡的决定力量仍然是市场机制这只看不见的手。直至 1936 年，张伯伦和罗宾逊才在他们颇具影响的垄断竞争理论中提出，由于存在产品的差异性，现实当中典型的市场结构并非完全竞争，而是垄断竞争。在垄断竞争市场结构中，厂商具有一定的决定价格的“市场力量”，这种力量会使垄断利润长期大于零。因此，单靠市场机制的自发作用是不足以实现资源最优配置的，而必须由政府出面对垄断势力加以干预，才能确保市场的适度竞争。垄断竞争理论的提出引发了人们对一系列现实问题的深入思考，例如：政府应该用什么样的管制方法才能减少垄断势力对市场机制的逆向影响？什么样的市场结构才能保持适度竞争？市场结构合理化的评价标准是什么？正是在对这些问题的研究和解决过程中，产业组织理论得以产生和发展起来。

西方产业组织理论在发展过程中共出现过三个主要的学派，哈佛学派、芝加哥学派和20世纪80年代以来在交易费用理论影响下发展起来的新产业组织理论。哈佛学派的“结构—行为—绩效”分析框架为早期的产业组织理论研究提供了一套基本的分析框架。“结构—行为—绩效”理论范式中，结构指市场中企业的数量、份额、规模上的关系及竞争形式，主要的衡量指标包括市场集中度、产品差异化、进入条件等；行为指企业在市场竞争和相互博弈中所采取的策略和对策，一般包括串谋、策略性行为、广告的研究与开发等；绩效指产业运营的效率，主要从利润率、效率、技术进步等方面来考察市场结构和市场行为的优劣。按照这一分析，行业集中度高的企业总是倾向于提高价格、设置障碍，以便谋取垄断利润，阻碍技术进步，造成资源的非效率配置；要想获得理想的市场绩效，最重要的是要通过公共政策来调整和改善不合理的市场结构，限制垄断力量的发展，保持市场适度竞争。20世纪60年代之后，形成了芝加哥学派。该学派认为：市场均衡是经济主体通过调整行为而自发实现的，政府的政策干预只能阻碍均衡的实现；垄断企业的高利润源自较高的生产效率，而非哈佛学派强调的“垄断势力”，市场结构是市场绩效的结构，正是因为较高的生产效率能够获得较高的利润，企业才能够扩大生产规模，市场集中度相应提高。因此，政府的反垄断政策实际上限制了企业提高生产效率的积极性。芝加哥学派的重要贡献不仅在于其打破了市场结构与企业行为和绩效之间单向决定的认识，扩展了产业组织理论的分析视角，更重要的是，芝加哥学派对企业行为和垄断效率的关注为以后的学者开辟新的研究领域起到了积极的作用。美国经济学家鲍莫尔、帕恩查和韦利格等在芝加哥学派基础上提出可竞争市场理论，可竞争市场理论赞同芝加哥学派对垄断与市场效率的看法，提出“可竞争市场”这一核心概念，认为在垄断性市场中仍可以实现市场效率。20 世纪 80 年代中期以来，一支从制度角度研究经济问题的产业组织学流派逐步发展起来，它就是以交易费用作为理论基础的新制度经济学。新制度经济学包括 4 个基本理论：首先是交易费用理论。交易费用是新制度经济学最基本的概念。科斯认为，交易费用应包括度量、界定和保障产权的费用，发现交易对象和交易价格的费用，讨价还价、订立合同的费用，督促契约条款严格履行的费用等。其次是产权理论。该理论认为交易中的产权所包含的内容影响物品的交换价值。再次是企业理论。市场机制的运行是有成本的，通过形成一个组织，并允许某个权威企业家来支配资源，就能节约某些市场运行成本。交易费用的节省是企业产生、存在及替代市场机制的唯一动力。最后是制度变迁理论。该理论认为在决定一个国家经济增长和社会发展方面，制度具有决定性的作用。

我国会展农业产业组织规模较小，难以实现最有效的规模经济，各地区农业产业结构趋同性较强。针对我国会展农业产业组织呈现的一些特点，我们要充分利用产业组织理论的研究成果，联系我国会展农业产业实际，对我国会展农业产业组织结构进行调整。一方面建立企业集团、网络组织和企业战略联盟的组织形态；另一方面强化会展农业产业内政策的法律支撑作用。

2. 产业结构理论

产业结构理论主要研究产业之间的相互关系及其演化的规律

性。产业结构同经济发展相对应而不断变动，在产业高度方面不断由低级向较高级演进，在产业结构横向联系方面不断由简单化向复杂化演进，这两方面的演进不断推动产业结构向合理化方向发展。产业结构演进理论由英国经济学家科林·克拉克（C. Clark）于1940年在威廉·配第（William Petty）关于国民收入与劳动力流动之间关系学说的基础上提出：随着经济的发展，人均收入水平的提高，劳动力首先由第一产业向第二产业转移；当人均收入水平进一步提高时，劳动力便向第三产业转移；劳动力在第一产业的分布将减少，而在第二、第三产业中的分布将增加。人均收入水平越高的国家和地区，农业劳动力所占比重相对较小，而第二、第三产业劳动力所占比重相对较大；反之，人均收入水平越低的国家和地区，农业劳动力所占比重相对较大，而第二、第三产业劳动力所占比重则相对较小。美国著名经济学家库兹涅茨在配第—克拉克研究的基础上，通过对各国国民收入和劳动力在产业间分布结构的变化进行统计分析，得到新的理解与认识：随着时间的推移，农业部门的国民收入在整个国民收入中的比重和农业劳动力在全部劳动力中的比重均在不断下降；工业部门的国民收入在整个国民收入中的比重大体上是上升的。但是，工业部门劳动力在全部劳动力中的比重则大体不变或略有上升；服务部门的劳动力在全部劳动力中的比重基本上都是上升的。在没有新的产业形式出现的情况下，通过产业技术的不断升级而对传统产业进行改造，不断提升产业自身的质量，在某种程度上也算是一种产业升级。如用高新技术改造传统产业，可以催生出一些新的产业形态，对现有产业的价值链进行延伸，增加附加值也是产业结构升级的一种方式，如培育与现状主导产业有前向、后向和侧向联系的其他产业等。

根据产业结构演进理论，会展农业的发展可以实现农业产业转型升级。农业产业转型升级首先是要延长产业链条，提高农产品附加值。发展会展农业就是转变过去那种搞农业就是搞生产的传统观念，在产业纵向层面，延长农业产业链条，营造系列农业生态休闲旅游经营链，增加产品附加值。其次是会展农业可以在区域联动的层面上进行，建立区域农业产业一体化的生产经营格局，实现农业生产过程的工业化，实现投资“规模报酬递增”和农业资本盈利最大化。最后是深度挖掘农业外延经济潜力。会展农业以大都市为背景，农业观光旅游市场需求量大，这就为休闲观光农业、旅游度假农业、参与体验农业、科普教育农业等都市农业休闲产业发展提供了契机。具有独特农业资源的地区应该抓住该契机，充分拓展农业多功能性，围绕建设观光、旅游、休闲和体验于一身的会展农业进行开发，这样不但可以创造较高的农业经济效益，而且还可以就地转移农村富余劳动力，增加农民收入。产业结构优化理论为会展农业的结构调整提供了宏观的战略选择，可以使产业结构更趋多元化、合理化及高级化。

3. 产业布局理论

产业布局在静态上指的是形成产业的各部门、各要素、各链环在空间上的分布态势和地域上的组合。在动态上，产业布局则表现为各种资源、各生产要素甚至各产业和各企业为选择最佳区位而形成的在空间地域上的流动、转移或重新组合的配置与再配置过程。产业布局理论最早可追溯到法国经济学家杜能 1826 年在其出版的《孤立国对于农业及国民经济之关系》一书中提出的著名的“孤立国同农业圈层”理论。杜能认为：在农业布局上，并不是哪个地方适合种什么就种什么，在这方面起决定作用的是级差地租，首先是特定农场（或地域）距离城市（农产品消费市场）的远近，亦即集中化程度与中心城市的距离成反比，为此，他设计了孤立国六层农业圈。尽管杜能的理论忽视了农业生产的自然条件，也没有研究其他产业的布局，但他的农业区位理论给西方许多工业区位理论的研究者以深刻的启发。产业布局是在一定的地域内展开的，地域的具体条件是决定布局的依据。同一时期不同地域和同一地域不同发展阶段的具体情况各不相同，相应地必须采取不同的产业布局模式。产业布局对产业结构的发展趋势会产生重要影响。由于各地区的自然资源、气候条件、技术水平等因素的差异，致使各地区各部门经济发展出现不平衡的状态。为了发挥地区经济的优势，充分合理地利用各地的资源，产业的发展应有的放矢。根据产业空间发展不同阶段的不同特点，产业布局的理论包括增长极理论、点轴布局理论、网络布局理论、梯度转移理论、产业集群理论、产业融合理论。

（1）增长极理论。增长极概念最初是由法国经济学家弗郎瓦·佩鲁（Francois Perroux）提出来的，他认为增长并非出现在所有地方，而是以不同强度首先出现在一些增长点或增长极上，这些增长点或增长极通过不同的渠道向外扩散，对整个经济产生不同的最终影响。首先，佩鲁提出了一个完全不同于地理空间的经济空间，主张经济空间是以抽象的数字空间为基础，经济单位不是存在于地理上的某一区位，而是存在于产业间的数学关系中，表现为存在于经济元素之间的经济关系。其次，佩鲁认为经济发展的主要动力是技术进步与创新。创新集中于那些规模较大、增长速度较快、与其他部门的相互关联效应较强的产业中，具有这些特征的产业被称为推进型产业。这种推进型产业就起着增长极的作用，它对其他产业（或地区）具有推进作用。最后，增长极理论的核心是推进型企业对被推进型企业的支配效应。支配，是指一个企业和城市、地区、国家在所处环境中的地位和作用。法国的另一位经济学家布代维尔认为，经济空间是经济变量在地理空间之中或之上的运用，增长极在拥有推进型产业的复合体城镇中出现。因此，他定义的增长极是指在城市配置不断扩大的工业综合体，并在影响范围内引导经济活动的进一步发展。布代维尔主张，通过“最有效地规划配置增长极并通过其推进工业的机制”，来促进区域经济的发展。该理论主要观点是，区域经济发展主要依靠条件较好的少数地区和少数产业带动，应把少数区位条件好的地区和少数条件好的产业培育成经济增长极。概括来讲区域增长极具有以下特点：在产业发展方面，增长极通过与周围地区的空间关系而成为区域发展的组织核心；在空间上，增长极通过与周围地区的空间关系而成为支配经济活动空间分布与组合的重心；在物质形态上，增长极就是区域的中心城市。这一理论的核心观点是：在经济增长过程中，由于某些主导部门或有创新能力的企业或行业在某些特定的地区或城市集聚，使这一特定区域的经济比周边地区发展更快，就形成了所谓的增长极。在区域经济运行中，增长极具有极化效应和扩散效应两种效应。增长极理论在明确地区会展农业的产业地位，协调农业与会展业及其他产业之间的关系，设计会展农业的发展政策，实现会展农业结构的高度化原则当中都有指导作用。会展农业作为一种新的现代农业形态，具有强大的关联效应和辐射作用，所以将其作为区域经济发展的增长极优先发展。增长极理论在产业布局领域形成增长极布局模式，并衍生出点轴布局、网络布局等模式。

（2）点轴布局理论。点轴布局理论是增长极理论的延伸。该理论将区域经济看成是由“点”和“轴”构成的网络体系。“点”是指具有增长潜力的中心地域或主导产业，“轴”指将各中心地域或产业联系起来的基础设施带。布局会展农业时，要考虑区域的交通运输状况，确定合理的会展农业生产结构和布局。同时，还要根据区域农业特点、优势产品的外区流向和流量，调整运输布局，使之更好地为会展农业服务。

（3）网络布局理论。网络布局是点轴布局模式的延伸。一个现代化的经济区域，其空间结构必须同时具备三大要素：一是“节点”，即各级各类城镇；二是“域面”，即节点的吸引范围；三是“网络”，即商品、资金、技术、信息、劳动力等各种生产要素的流动网。网络式开发，就是强化并延伸已有的点轴系统。通过增强和深化本区域的网络系统，提高区域内各节点间、各域面间，特别是节点与域面之间生产要素交流的广度和密度，使“点”“线”“面”组成一个有机的整体，从而使整个区域得到有效的开发，使本区域经济向一体化方向发展。同时通过网络的向外延伸，加强与区域外其他区域经济网络的联系，并将本区域的经济技术优势向四周区域扩散，从而在更大的空间范围内调动更多的生产要素进行优化组合。这是一种比较完备的区域开发模式，它标志着区域经济开始走向成熟阶段。

（4）梯度转移理论。梯度转移理论源于弗农的产品生命周期理论，威尔斯和赫希哲等对该理论进行了验证，并充实和发展该理论。该理论认为，创新活动是决定区域发展梯度层次的决定因素，而创新活动大都发生在高梯度地区。随着时间的推移及生命周期阶段的变化，生产活动逐渐从高梯度地区向低梯度地区转移，而这种梯度转移过程主要是通过城市系统扩展而来的。会展农业也会从高梯度地区向低梯度地区推移。

（5）产业集群理论。产业集群理论是继增长极理论、梯度转移理论之后的新型区域发展理论，对区域发展和区域竞争力的增长具有重要的意义。产业集聚是在特定领域中，地理位置相对邻近并有交互关联的企业和相关法人机构，以彼此的共通性进行的经济连接。产业集聚通常涵盖不同的产业，产业集聚的大小、广度和发散状态也各不相同。产业集群是指在产业聚集区域内，大量的上、中、下游企业机构之间在产业价值链各个环节上各有分工、联系紧密而形成的完整链条。产业集聚是产业集群形成的过程，产业集群是产业集聚的结果。产业集群最基本的特征是基于分工基础上的竞争性合作。产业集群因具有产业链条长且配套、内部专业化分工细、交易成本低、人才集中、科技领先、公共服务便利等优势，具有强大的竞争力。这有助于通过对会展农业产业链的分析，有效提高会展农业的产业延展效应。我国会展农业发展的实践证明，会展农业产业链上下延伸形成了一个包括会展企业、农业经营主体、旅游业和支持性配套服务企业和支撑机构在内的横跨多个行业的完整的产业集群。

（6）产业融合理论。产业融合作为一种新兴的经济现象，正在全球范围内呈现出蓬勃发展的态势。产业融合给产业发展与经济增长带来了新的动力，日益成为提升产业竞争力乃至一国竞争优势的重要因素。产业融合理论给企业发展战略和产业创新、产业政策均提供了一个新的研究视角。产业融合的研究最早是美国学者 Rosenberg 从技术视角展开的。之后有学者从产业视角展开研究，如植草益认为产业融合就是通过技术创新和放宽限制来降低行业间的壁垒，加强行业企业间的竞争合作关系。欧洲委员会的“绿皮书”则称“产业融合是技术网络平台、市场和产业联盟与合并三个角度的融合”。国内学者厉无畏等从产业发展的角度，认为所谓产业融合是指不同产业或同一产业内的不同行业，通过相互渗透、相互交叉，最终融为一体，逐步形成新产业的动态发展过程，其特征在于新的产业或新的增长点等融合的结果出现。Alfo nso 和 Salvatore 提出产业融合一般要经过技术融合、业务与管理融合、市场融合三个阶段，最后才能完成产业融合的全过程。Stieglitz 总结了各个阶段的特点，指出第一阶段存在两个从供给到需求都不相关的产业，融合的过程由外部因素（如新的技术发明、政府管制放松）所激发；第二阶段意味着市场结构和公司行为开始变化的产业发生融合；进入到第三阶段，这两个产业从技术或产品市场的角度看具有相关性，并且市场发展趋于稳定化。产业融合不仅从微观上改变了产业的市场结构和产业绩效，而且从宏观上改变了一个国家的产业结构和经济增长方式，从而能够改善产业绩效，减少企业成本。产业融合是传统产业创新的重要方式和手段，有利于产业结构转换和产业升级，提高一国的产业竞争力。会展农业本身是会展业和农业有机融合的产物，产业融合理论对会展农业发展具有重要的指导作用。

4. 产业政策理论

产业政策理论是产业经济理论中又一个重要的组成部分。一般认为，产业结构理论和产业组织理论是构成整个产业政策理论的两大主要部分，其中结构理论是核心。产业政策理论的依据是“市场失灵”理论、比较优势理论、结构转换理论、主导产业的选择理论、产业生命周期理论、规模经济理论和技术开发理论。

（1）“市场失灵”理论认为：市场机制不是万能的，即使在市场机制十分健全的情况下，仍存在着不少缺陷。产业政策主要是为了弥补市场机制可能造成的失误，而由政府采取的一种补救措施。日本经济学家小宫隆太郎一针见血地指出：产业政策的中心课题，就是针对在资源分配方面出现的“市场失灵”采取对策。

（2）比较优势理论有两个理论来源：一是李斯特的“动态比较成本理论”；二是弗农的“产品循环理论”。传统的“比较成本理论”源自李嘉图的“国际分工理论”。李嘉图认为，各国生产条件不同，生产各种产品的成本不同，每个国家或地区都应生产本国最具成本优势的产品。如果一个国家或地区各种产品都有成本优势，则在其中选择最具优势的产品，“两优取其重”；如果一个国家各种产品都处于成本劣势，则选择劣势最小的产品，“两劣取其轻”。这样进行国际或地区分工、合作，各国或地区都能获得利益，实现资源的最优配置。从静态的观点看，李嘉图的国际分工理论是有道理的，称为“静态比较成本理论”。按照李嘉图的“国际分工理论”，先进国家或地区生产高附加值产品，后进国家或地区生产低附加值产品，后进国家永远处于不利的国际分工地位，因此，该理论受到后进国家的非议。当时尚处于后进地位的德国经济学家李斯特对此提出挑战，他认为，比较成本优势不是绝对的，是可以变化的，如果后进国家或地区对尚处于“成本劣势”的“幼稚产业”进行保护、扶持，“成本劣势”可以转化为“成本优势”，从而跻身于高附加值产品的生产行列，改变自己不利的国际或地区分工地位。

（3）结构转换理论又称“产业结构高级化理论”。这一理论的基本思想体现在，一个国家的产业结构必须不断实行从低级向高级的适时转换，才能真正实现赶超和保持领先地位。产业结构没能实现及时转换，是历史上一些老牌发达国家趋向衰落的基本原因之一。英国的克拉克、德国的霍夫曼和美国的库兹涅茨等人都对经济增长与收入提高过程中的产业结构变化规律进行过深入探讨和研究，并提出了著名的“配第—克拉克定理”“霍夫曼比率”和“库兹涅茨增长理论”等学说。更为重要的是，结构转换是一个重要的利益再分配过程，需要有政府的产业政策干预，才能适时和顺利地完成。例如，对衰退产业的调整过程就需要政府的援助政策，并且结构转换不应是一个被动的结果，需要在产业政策的指导下主动实施。

（4）主导产业的选择理论。经济学家在研究产业结构演变规律时还发现，一个国家或地区在不同的发展阶段上往往存在一个或几个“主导产业”或“主导部门”。这些主导产业或主导部门对其他产业的发展具有较强的带动作用，因而在很大程度上决定着这一时期产业结构特征及其发展演变的趋势。因此，主导产业或部门的选择便成为产业结构政策的重要内容。

（5）产业生命周期理论。产业的发展与人的生长过程相似，也有一个从幼稚到成熟，从成熟到衰老的过程。产业发展的这一过程“产业生命周期”分为5个阶段：新兴阶段、朝阳时期、支柱时期、夕阳时期、衰落时期。

（6）规模经济理论。西方经济学所阐述的规模经济理论的基本内容是，由于生产费用中固定费用和可变费用的构成受市场开辟过程性等因素的影响，产业发展客观上存在着生产费用最低的最优经济规模。在达到最优经济规模之前，单位产品生产费用处于递减过程，继续扩大规模是有利的。在西方国家，产业政策研究的注意力主要集中于反垄断，对规模经济理论并没有给予很大的重视。但日本的经济学者则充分利用并进一步发展了这一理论。他们认为，产业内部客观上存在着工厂规模和企业规模的区别。前者决定生产费用，后者决定竞争秩序。在赶超阶段，当两者发生矛盾时，国家应当利用产业政策首先保证工厂规模达到最优，宁愿暂时容忍发生寡头垄断和牺牲竞争活力，使社会获得最大发展的好处。同时，在发展新兴产业的初期，生产规模往往较小，尚未充分利用规模经济，通过规模扩张，能够取得更多收益。如果单凭市场力量来集聚企业，扩大生产规模，将耗费时日，耽误时机，失去发展机会。政府应该实施组织合理化政策，采取各种措施，促进企业合并、联合，迅速达到最佳规模，提高竞争能力，发展新兴产业。

（7）技术开发理论。技术开发理论是产业政策的一个重要依据。这一理论的基本内容是，技术是一种难以按一般市场原则进行交易的知识财富，其特点：一是技术本身一般具有公共物品的特征；二是技术开发伴随着技术与市场的双重风险；三是技术的开发与应用具有学习过程和规模经济的特征。因此，技术开发过程或开发结果经常存在着社会收益率大于企业收益率的可能性，而这种可能性会削弱企业技术投资的积极性。因此，在技术开发过程中，政府的产业政策干预是保证技术不断进步的必要条件。

产业经济理论对我国重视、促进和发展会展农业，提供了重要的理论支撑。

（二）微观经济理论

1. 双边市场理论

会展农业的重要组成部分农业会展作为平台产品，是一种典型的“双边平台”。双边市场理论对农业会展价格的制定具有重要的理论意义。

（1）双边市场含义及特征。“双边市场理论”的开创者罗切特和蒂罗尔（Rochet and Tirole）对“双边市场”的定义和解释是：“在某交易市场中，平台向参与方 B 索取的价格为 P_B，向参与方 S 索取的价格为 Ps，则平台向需求双方索取的价格总水平为 $P = P_B + Ps$，此时若平台所实现的交易总量 V 仅仅取决于平台的价格总水平 P，而对双边用户的价格分配无关时，则可把该交易市场看作为‘单边市场（one-sidedmarket）’”；“而若当平台的价格总水平 P 保持不变时，平台所实现的交易总量 V 随着双边用户价格结构变化而变化时，则可把由平台实现的交易市场称为‘双边市场（Two-sided

Markets)'"。其中，每一类用户被称为平台的“一边”。与传统的单边市场相比，双边市场有着自身的特点。这些特点主要表现在：①双边市场具有“交叉网络外部性（Cross-network Externality）”效应。所谓网络外部性是指某种产品或服务的价值随着该产品或服务的消费规模的增大而增加，是外部性的一种特殊表现形式。网络外部性又可以分为直接网络外部性（Direct Network Externality）和间接网络外部性（Indirect Net-work Externality）两种效应。其中，直接网络外部性是“通过消费相同产品的市场主体的数量变化所导致的直接物理效果”而产生的外部性；而间接网络外部性则是“随着某一产品使用者数量的增加，该产品的互补品数量增多、价格降低而产生的价值”。根据这一定义，前面所提到的单边市场其用户效用显然来自直接网络外部性。而双边市场中的外部性则是一种具有“交叉”性质的网络外部性。这种网络外部性不仅取决于参与到该平台上进行交易的同类型参与者的数量，而且更取决于参与到该平台上的另一类型参与者的数量，这种网络外部性效应被称为“交叉网络外部性”效应（Cross-network Externalities）。在会展中，展商参展所获得外部性不仅取决于会展中展商的数量，更是取决于会展观众的数量和质量，参加会展的人数越多，尤其是专业观众越多，展商获得的效用也就越多。②双边需求具有相互依赖性和互补性。所谓相互依赖性和互补性是指这些平台企业的产品或服务在促成双边用户达成交易方面是相互依赖和相互补充的，缺一不可。只有这两种类型的消费群体同时出现在平台中，并同时对该平台提供的产品或服务有需求时，平台的产品或服务才真正有价值，否则平台的产品或服务将毫无价值。在会展活动中，展览公司所提供的服务必须是观众和展商同时需要的，只有这样其会展才有存在的必要。

（2）双边市场的类型。按照双边市场功能的不同，埃文斯（Evans）将双边市场分为以下 3 种类型：①市场创造型（Market-makers）。此类平台增加了买卖双方配对成功的可能性并且提高了搜索交易对象的效率，从而使得双边用户的交易变得更加方便。②受众创造型（audience-makers）。其主要功能是吸引众多的信息受众，包括观众、读者和网民等，使企业在平台上发布的广告和产品信息达到更好的传播效果。③需求协调型（Demand Coordinators）。此类平台可以使得两边用户的相互需求通过平台更顺畅地实现。不同类型的双边平台往往采用不同的收费方式。市场创造型平台一般可以明确地观察到交易用户以及两边交易的次数，因此平台可以采用注册费、交易费以及两步收费制等方式收费；受众创造型平台由于不一定伴随着现实的交易，因此往往采用注册费的方式，也就是用户缴纳一定的费用后，在一定的时段内可以任意使用该服务；需求协调型尽管也能够促成实际交易，但很难观察到用户之间交易的次数，因此也多采用收取注册费的方式。由于大多数会展活动既具有展示性功能，又具有交易性功能，因此往往兼具以上三类平台的性质。

（3）双边市场理论的现实意义。会展作为一种典型的双边平台，其交叉网络外部性体现在：展览平台上的一方的效用不仅取决于相同客户群体的消费状况，而且取决于相异但又相容、处于市场一方客户群体的消费状况。同时，展览平台上的一方的效用不仅取决于双边用户的数量，还取决于双边用户的质量。即在会展这个特殊的双边市场中，用户在决策是否参加展览时，同边用户和另一边用户的数量和质量都将成为参展决策的影响参数。参展商用户在做参展决策时一般要考虑几个非常重要的因素：参展商的数量、参展商的质量、观众的数量、观众的质量，对观众用户而言也是如此。因此，会展的举办可以看作是一个会展主办方、参展商、观众多方博弈的事件。据此我们可以考察其均衡价格（即参展费和参观费）的决定问题。在双边市场中，由于各方的同时进入，价格和消费者数量是交互决定的，任何单向地研究价格对数量的决定或者需求对价格的决定都不合理，因此均衡价格应该是一个多方博弈的均衡解。在决定这一均衡解的过程中，行业的市场结构也会造成一定的影响，市场中只有一个平台提供方的垄断平台定价不同于有若干个平台提供方的垄断竞争平台定价。双边市场定价的基础模型是阿姆斯特朗提出的双边平台收取注册费定价模型。根据双边市场的有关理论，平台提供方对双边用户往往会采用差别定价的策略，即对一方用户收取低于边际成本的价格，或者不收钱，甚至是给予补贴，通过向另一方用户收取高价格来实现自身的利润最大化。在绝大多数商业性会展活动中，主办机构通常向观众收取极少量费用、完全免费甚至给予一定的补贴，吸引更多的观众尤其是专业观众参与到会展中，使展商愿意以较高的价格参加展会，从而实现利润最大化的经营目标。可见，双边市场理论很好地解释了会展参展费和参观费的形成机制和内在逻辑。但双边市场理论同样也存在着一定的局限性。首先，双边市场理论是有一定的假设前提的，一些假设条件在现实中通常不完全成立。而脱离了这些假设条件，多方博弈的均衡解可能就不存在，这就极大地影响了其解释能力。其次，双边市场理论是基于对商业性会展活动的经济分析，更加适用于公司办展的情形。然而我国当前会展行业的政府参与度普遍较高，农业会展领域更是如此，很多会展活动都带有很强的公益性，其预算约束往往较宽松，经济功能和目标也较多样化。在此情况下，双边市场定价理论所严格依赖的最大化条件并不是大多数农业会展举办方的现实选择，对于这一类政府主导型会展的定价就需要用到以下的公共产品理论。

2. 公共产品理论

针对农业会展具有一定公共产品属性特点，公共产品理论对农业会展商业化运作和专业化发展提供了重要的支持。

（1）公共产品的定义。经济学家萨缪尔逊对公共产品的阐释是“每一个人对这种产品的消费并不减少任何他人对这种产品的消费。”随后，斯蒂格利茨对萨缪尔逊的公共产品理论做了适当修正，指出：“公共产品是这样一种物品，在增加一个人对它的分享时，并不导致成本的增长，而排除任何人对它的分享都要花费巨大的成本。”也就是说，如果将纯私人物品作为一极，而公共产品作为另一极的话，消费者实际消费的商品是从一极向另一极渐进过渡的一系列产品，大量存在的不是纯公共产品，而是处于两极之间的中间状态的产品。对于公共产品的非纯粹性和复杂性，经济学家詹姆斯·布卡南提出：纯私人物品和纯公共产品之间并不存在泾渭分明的界限，而是某种特征连续变化过程，所以可以对所有商品从纯私人物品到纯公共产品进行一个一般性的定义。

（2）公共产品和准公共产品的外部性。与私人物品相比，公共产品和准公共产品都具有一定的外部性，但两者的外部性是有区别的。其主要区别是：①准公共产品的外部性是副产品，而纯公共产品的外部性却是正产品；②准公共产品的外部性是非故意生产的，而纯公共产品的外部性是其生产的目的；③准公共产品的外部性在一定程度上可以内部化，因而准公共产品可以由市场来提供，但是由于其外部性内部化程度比较低，从而导致社会上供给不足，而纯公共产品的外部性则完全不能内部化，如果政府不提供就绝对不会提供出来。

（3）公共产品理论的意义。农业会展根据其功能和侧重点不同，可以分为展示型和交易型。展示型的农业会展多以农业技术的推广和示范为主要目的，展览运营的各项成本绝大部分由政府通过财政补贴解决。展示型农业会展的主体用户观众不会因某一个体的消费而影响其他人的消费，而多数情况下某一部分观众消费的同时也无法限制其他观众的消费，也就是不具有竞争性和排他性；对于展商而言，虽然由于会展的展位限制而存在着一定的排他性，但是其展位费一般都比较低而且有较大的政府补贴，其竞争性相对较弱，具有明显的准公共产品属性。交易型的农业会展，侧重促成参加者实现经济收益，获利能力较强，其外部性内化程度较高。展会通过向观众和展商收取费用就可以弥补运营成本且有盈余。这类展会与一般服务商品一样同属私人产品。对公共产品收费方式和额度的确定，公共产品不同学派核心思想是一致的，都支持公共产品应当按照边际原则定价，即按照每个人从公共产品消费中得到的边际效用决定其应支付的费用。这一理论为具有准公共产品属性的农业会展的商业化运作和专业化发展提供了重要的理论支持。根据公共产品定价理论，在促进农产品贸易、带动农业产业升级、优化产业结构布局、打造现代农业品牌等方面发挥了不可替代作用的会展农业中，作为会展农业有机组成部分的农业会展，作为一种准公共产品，其所要实现的目标是社会效用的最大化。

（三）会展经济理论

会展农业中会展活动的专业性、市场经济性、相关性、综合性、系统性、信息传播特性也决定了会展的经济带动系数理论、市场理论、系统理论、营销理论、传播理论等基本理论的形成，我们可以从这些基本理论中认识会展活动的基本规律。

1. 会展经济带动系数理论

会展活动对外部经济的贡献主要可以表现为著名的“乘数效应”。除了产生直接的经济效益外，会展活动对宏观经济的贡献主要在于其拉动的投资需求和消费需求产生了乘数效应。其中，投资需求是指举办会展活动产生的对场馆及相关配套设施建设的建筑材料、劳动力、资金、设备等的需求，消费需求是指参展者对会展本身以及旅游、餐饮、通讯、交通、商贸、金融等相关行业产品和服务的需求。通常情况下，会展活动带给以上相关产业的收益远远大于其自身的收入，能极大地推动区域经济的发展。

德国著名经济研究院 IFO 研究院曾经对慕尼黑展览业所引起的直接和间接的经济效益进行调查，研究院通过调查 1998 年和 2001 年参展商和参观者在慕尼黑参展的总支出，对城市就业、税收和产业效益进行分析并核算年平均值。最后得出如下结论：如果会展活动的收益为 1，那么会展活动所带来的经济效益就为 10。这也就是会展经济拉动（带动）系数1∶10的由来。但这种拉动系数只是一个平均值，这还要取决于这个展览活动的结构、规模等因素。国际化强的、海外观众及参展者多的会展其拉动系数更大，而国内、区域性会展其拉动系数就相对小一些。在我国举办会展较早的大连，曾对大连某一本地性会展的拉动系数进行调研，得出1∶8.5～1∶9的结论；上海会展业带来相关经济效益直接投入产出比为1∶6，间接达到1∶9。会展活动给所在地区带来可观的经济效益的同时，也促进了城市功能要素的合理流动、产业结构调整，对市民文明素质等方面也产生深远的影响。这也是会展带动理论的更深层次表现。

2. 会展的市场理论

会展中展览活动是一种古老、特殊的经济交换（流通）形式。展览是市场经济中的主要交流媒介之一，它与期货市场、商务交易所构成市场流通三大主要形式。会展中展览活动，通过展览会使买卖双方签约成交或交换物品（信息），做成买卖，形成展览市场。从中我们也可以看出，展览作为市场流通环节与其他市场流通方式有所不同。期货市场，商品交易其本身就构成交换过程中的一个环节，是市场常规性的交换环节。在物品交换过程中有先买进，后卖出的过程，而展览活动一般是非常规、常年的，时间比较集中。展览会是提供买方、卖方交换的平台。这就是展览活动的市场理论：即通过展览、使买卖双方达成交换平台，形成展览市场。这种市场是一种特殊的市场或者说是一种特殊的媒介。

据美国CEIR调查，在制造、运输等行业以及批发业，2/3以上企业将展览作为流通手段，金融、保险行业有1/3以上企业将展览作为交流与流通手段。展览活动的市场原理告诉我们：展览活动对于促进贸易、产品信息交流、建立联络、货物成交等产生了媒介作用，它不仅是一种经济手段，更是市场经济的“晴雨表”和“风向标”。同时，展览作为一种活动媒介，买方与卖方是其重要的2个主要因素，缺一不可。在现代，商业流通占据主导作用，但展览仍然起着巨大的作用。一般商业流通在消费品方面起主导作用，而贸易性展览则在资本、技术、信息流通上起主导作用。正因为贸易性展览会这些显著的功能，使其市场营销在兼顾买卖双方的角度上形成自身的独特的营销内涵，买方、卖方在参加展览会时，可以充分实施企业（个人）在信息交流、产品定价、销售和产品的营销策略。可以说，参加交易展览会是企业（个人）营销不可缺少的一部分。

3. 会展营销理论

麦卡锡在其营销原理理论中就提出4Ps理论，即买方理论：产品（Product）、价格（Price）、地点（Place）、促销（Promotion），而罗伯特·劳特伯恩提出4Cs理论，即卖方理论：顾客问题的解决（Customer solution）、顾客的成本（Customer cost）、便利（Convenience）和传播（Communication）。买方卖方营销理论引入展览市场，使我们更容易认识贸易性展览会的市场营销特征、内涵和原理。

现代贸易性展览会是展览市场中最典型的具有市场营销特征的，它有以下几种功能：提供市场关注点，反映出部分市场；确定和提高市场透明度；有助于开拓新市场；得以直接比较产品和效用；使人能集中交换信息和人的感官的高度体验。会展市场营销的原理反映在参加贸易性展览会上，表现为如下内涵特征：①以会展作为交流手段。交流过程意味着相互交换新闻和信息，贸易展览会也是如此。虽然参展商最初更多的是信息提供者，建造展台、展示产品、派人参加，观众最初只是信息接收者，但观众最终要成为积极参与信息交流的一方。真正的贸易展览会就要起到这种媒介作用，交流正是贸易博览会和展览会的核心功能之一。②以展览作为价格手段。如何使用价格手段取决于客户构成、公司规模、办公地点及运输距离等情况。公司可在与客户交流时，了解到制定价格策略的必要信息。参展有助于改进现有价格手段，发现新的市场领域。③以展览作为分销手段。公司制定分销策略时，需要补充、调整销售组织，重组销售力量，招募零售商和销售代表，寻找货物运输和储存合作伙伴。同时，要考虑调整和改进现有分销渠道的数量和质量。参展有助于完成这些工作。④以展览作为产品组合。公司必须着重考虑选择哪些类别的产品参加展出。运用这种产品战略时，必须充分认识现有产品的生命周期及展品所面对的市场。产品组合构成的各个方面及产品本身市场前景如何，均可在参展过程中加以检验。会展市场营销中的 4 个内涵和特征，从卖方（参展者）着手，确定了其交流手段、价格手段、分销手段和产品战略的营销组合。

4. 会展生命周期理论

会展的生命周期指的就是会展从引入、成长、成熟、衰退的周期过程。由于全球经济一体化和产业发展的变化，会展的生命周期除受会展自身的经营、管理和创新因素影响外，宏观环境等客观因素对会展的生命周期的影响也至关重要。在会展生命周期的引入期，会展作为新项目，会展商不了解、不熟悉这个会展，因而会展的宣传、推广、开拓市场等工作非常大，当然投入也很大。也正因为新会展由于市场、技术和管理上的不确定，对这种会展而言，是一种风险，随时有夭折的可能。会展成长期是会展日趋增长的时期，参展商熟悉和认知这个会展，技术管理和服务优良，展位销售量上升，会展在这一时期的利润也呈现最大化。从会展成长期后期开始，市场增长率减缓，展位销售势头减缓，会展价格和利润滑坡。这一阶段表现为同类主题会展竞争趋势白热化，会展之间并购现象会出现。在会展的衰退期，会展伴随着某一产业的衰退而衰退，这个阶段会展利润很低，会展本身存在着新一轮的创新，以符合参展商产品市场开拓的需求。会展生命周期的四个阶段是一般过程，但有的会展在运营过程中会出现跳跃性发展，也有在衰退时期通过革新而延长其生命周期的，当然也有因为偶然因素或自身因素突然夭折的。

5. 会展系统管理理论

系统即指由若干相互联系、相互作用的要素所构成的具有特定功能的有机整体。会展系统管理就是强调会展组织的整体性管理，把会展作为一个开放系统，把展会看作是由许多子系统所形成的组织。会展系统强调：①一个会展（系统）的决策；②一个会展的设计和构建；③会展系统的运转和控制；④检查和评价会展系统的运转结果，看其是否有效果和效率。

（四）体验经济理论

未来学家托夫勒20世纪70年代在《未来的冲击》中写道：几千年来人类经济发展经历了产品经济时代、服务经济时代和体验经济（Experience Economy）时代3个阶段。托夫勒进一步指出，体验经济是人类社会经济文化发展的必然结果，是人类从生存、发展到自我实现的历史和逻辑过程。顾客一方面希望所生活的环境有一定程度的稳定、重复和熟悉程度，但是另一方面要求得到一些刺激和兴奋这类东西，他们希望能感觉到范围广泛的各种体验。体验经济理论是美国经济学家约瑟夫·派恩和詹姆斯·吉尔摩在其著作《体验经济》中提出的。体验经济被认为是继农业经济、工业经济和服务经济之后的一种经济形态。把握体验经济特征，适应体验经济发展将成为经营竞争胜负的关键。

1. 体验经济的价值

按约瑟夫·派恩和詹姆斯·吉尔摩的定义：所谓体验就是指企业以服务为舞台、商品为道具、消费者为中心，从生活与情境出发，塑造感官体验及思维认同，并由此抓住消费者的注意力，创造值得消费者回忆的活动，提供一种让消费者身在其中并且难以忘怀的体验。这其中的商品是有形的，服务是无形的，而创造出的体验是令人难忘的。体验经济是从生活与情境出发，塑造感官体验及思维认同，以此吸引顾客的注意力，改变消费行为，并为商品找到新的生存价值与空间。在体验经济时代，企业是以顾客体验为中心，产品是顾客体验的载体，产品成为一种生活方式、一种精神体验。客户不再满足于产品和服务本身的消费，而是希望在消费过程中获得终极体验和难以忘怀的愉悦记忆。与过去不同的是，商品、服务对消费者来说是外在的，但是体验是内在的，存在于个人心中，是个人在身体、情绪、知识上参与的所得。没有两个人的体验是完全一样的，因为体验是来自个人的心境与事件的互动。越来越多的消费者渴望得到体验，越来越多的企业精心设计、销售体验。成熟的体验经济，消费者将为体验而付费。

西方经济思想史上价值论的发展，依次经历了劳动价值论、效用价值论。效用价值论又进一步区分为客观效用价值论和主观效用价值论。随着时代的变迁，企业价值的来源范围不断扩大，从劳动价值理论、资本价值理论为主转向客户价值理论为主，按照价值来源的主体不同，企业可分为3种类型：一是以劳动创造价值为主的企业；二是以资本创造价值为主的企业；三是以客户创造价值为主的企业。三种类型的企业同时并存，但是后者的数量越来越多，由劳动、资本创造价值为主转向客户创造价值为主将成为未来企业价值中心的必然。体验经济时代，企业价值始于企业“体验”运营的策划，在消费者接受该“体验”，并在“体验”的过程中与企业实现情感互动，企业围绕消费者的“体验”中心而运作，以消费者的参与极大化为标准。顾客参与“体验”越深入，企业的价值认同越大。体验经济中，企业的价值不仅表现在市场占有率的提高和市场现金流的通畅，更主要表现在顾客参与企业的市场运行，在“体验”中创造和成就的美妙记忆，这种记忆对于企业价值的延伸和提高会起到积极的促进作用。因此，“体验”是企业价值实现的源泉。

在体验经济时代，企业不是在生产产品或服务，而是在制造一种生活方式；不是在销售物质和提供服务，而是在销售氛围和提供情感体验。顾客对体验价值的感知主要取决于顾客所能感知到的收益与其在体验过程中所付出的成本进行权衡后而得出的总体评价。广义上看，顾客对价值的感知主要体现在两个方面：体验价值的感知，体验成本的感知。体验价值的感知是指顾客在消费“体验”时所感知的价值。它包括感观上的体验、信息和知识上的体验、情感上的体验、心理上的满足、超越自我的体验等，这些主要是指“体验物”在理性价值和消费“体验”时的感性价值。当体验彰显出独特价值，并能让消费者为这种体验付费时，体验也就自然而然成为了一种新的具有更高价值的经济提供物。经济提供物作为商品出售的一个重要前提是可以满足消费者对某些核心利益的追求。体验产品恰恰是满足人们向往独特的生活、丰富心理体验的消费需求。虽然体验提供物没有物质形式的产品实体，是消费体验过程中带来的快乐、愉悦展现出的独特价值。体验成本的感知是指顾客寻找和消费“体验”时所消耗的时间、精力、体力以及支付的货币资金等，包括货币成本、时间成本、精神成本和体力成本。寻找和消费“体验”的过程是一个产生需求、收集信息、对比评估、形成期望、选择合适的“体验质量”水平、“体验”消费后感知的全过程。顾客在此过程中所支付总成本的经历和体验就是对其总成本的感知。

这里不论是体验成本的感知还是体验价值的感知，都是具有浓厚的个体特征的一种价值感知。这种价值感知虽然会因消费者个体对选择“体验质量”评价不同有所差异，但从统计意义上来看，这种价值感知都将回归于消费者和企业共同认可的合理价格期望，即基于企业合理利润的顾客认同的价值。在过去的经济社会发展中，企业定价已经成为经济运行中天经地义的法则。即使采取“需求定价法”，也只是企业根据目标市场的需求状况而推出的让消费者满意的价格。只有在体验经济条件下，“顾客定价”才具有支撑力和可行性。“顾客定价”是指顾客为自己“体验”的事物确定自己能够承受并愿意接受的价格。“顾客定价”的好处在于：一是顾客根据“体验”的事物给出的价格，一定是衡量自己的所获之后所愿意支付的，顾客会感到质价相称，物有所值，甚至会感到物超所值。二是顾客给出的价格一定是自己能够承受得了的价格。顾客对所“体验”的任何事物都不会有价格的紧张感、压迫感。三是顾客给出的价格会常常高于企业支付的“体验”的期望，这是顾客对企业提供满意“体验”的回报。在体验经济时代，顾客的消费理念强调的是在体验中创造，在体验中实现自我，所以对顾客而言“体验物”的价值是无法用工业经济中的产品、服务的价值或价格来比较和衡量的。企业的“体验”平台越开放，顾客的“体验”状态越深入，顾客的“体验”评价就越高，顾客感知和认同的体验价格或价值就越高。因此，企业一方面要降低顾客的货币和非货币成本，另一方面要提高企业设计的“体验质量”水平，来提高顾客“体验”的价值。

2. 体验经济的特征

体验经济是一种更加完备的经济形态。传统经济主要注重产品的功能、外观、价格与服务等，而体验经济首先考虑的是消费者的个性要求，并遵循以顾客为中心的原则，全力保证消费者需求个性的全面满足。体验经济的发现不是对传统经济的否定，而是对传统经济的发展与完善。与传统经济相比，体验经济具有以下主要特征：

（1）终端性。现代营销学中的一个关键问题是“渠道”，即如何将产品送到消费者手中。一般来说，在生产环节中，制造单元的供求关系形成了“供应链”，商业买卖关系形成的是“价值链”。在这当中，“客户”是一个重要的概念。但是，所谓的“客户”既可以是自然人，也可以是法人、单位或机构；既可以是上游单位，也可以是下游单位，还可以是“客户的客户”或泛泛的关系户。体验经济明确指出，这种渠道和链条的方向是最终消费者，是作为自然人的顾客和用户。体验经济强调的是竞争的方向在于争夺消费者。

（2）差异性。由于竞争的加剧和技术传播速度的加快，同一行业不同企业提供的产品越来越趋同，一家企业的产品很容易被竞争对手所复制。产品经济和商品经济追求的是标准化，不仅实体产品如此，服务产品也面临同样的局面。特别是在核心服务层次上。派恩和吉尔摩将产品和服务趋同的现象称为“商品化”。商品化抹杀了商品和服务给人们带来的个性化、独特性的感受。体验经济的“个性化定制”要求企业通过产品不断提供时尚和快乐，让无法把握的消费需求在时尚和快乐中找到自己的对应点，从而满足消费者的个性诉求。

（3）参与性。在体验经济时代，人们不再满足于被动地接受企业的诱导和操纵，而是主动地参与产品设计与生产。消费者越来越希望和企业在一起，按照消费者新的生活意识和消费需求开发能与他们产生共鸣的“生活共感型”产品，开拓反映消费者创造新的生活价值观和生活方式的“生活共创型”市场。在这一过程中，消费者将充分发挥自身的想象力和创造力，积极地参与产品的设计、制造和再加工，通过创造性消费来体现独特的个性和自身价值，获得更大的成就感、满足感。如农业园区内的采摘、DIY（自己制作）、大众媒体的互动性等都体现了消费者的参与性，消费者的参与是企业创造价值的新途径。

（4）知识性。体验经济重视产品与服务的文化内涵，使消费者能增长知识、增加才干。传统经济是基于资本、劳动力、土地和人力资源等要素的经济形态，体验经济是以实物为平台的无形经济形态，是基于人的创造性思维设计的产物。

会展农业的重要组成部分会展所涉及的会议、展览或者节事活动，都与体验经济有着天然的联系。会展农业是体验经济发展与应用的一个重要领域。整合农业特色资源，以提供体验为基础，开发新产品、新活动，强调与消费者的双向沟通和互动，并触动其内在的情绪和情感，以创造体验吸引消费者并增加产品的附加值，以建立品牌和整体形象塑造等方式取得消费者的认同感，开发具有体验消费特色的会展农业项目，实现农业产业价值的增值，能够促进现代农业经营方式转变，提升我国农业生产的效率，切实转变我国现代农业的发展方式。

四、会展农业功能、作用与效益

从国内会展农业的实践效果看，会展农业集生产、生态、生活、展示功能于一体，实现了地区产业升级，提高了区域特色农产品的知名度，形成地区农产品集散地，实现了产业增效、农民增收。

（一）会展农业的功能

作为现代农业的高端产业形态，会展农业是农业发展到一定阶段的必然产物，会展农业的功能主要体现在生产功能、生态功能、生活功能、文化功能、社会功能等方面。

1. 生产功能

会展生产功能主要表现在为社会提供农副产品，以价值形式表现出来的功能，是农业的基本功能。生产功能既是会展农业功能体系的重要构成要素，也是促进会展农业发展的核心功能。通过生产功能，可以促进产业兴旺，满足地区经济与民生发展的需要，并依托生产功能在产品、市场、资源等方面提供可持续的经济价值，对经济发展与全面建成小康社会起到重要的支撑作用。会展农业的生产功能主要包括：①会展农业实现了城乡经济社会一元化发展，实现了科学合理地进行土地、农业原材料、农机设施等资源优势互补，有利于城乡生产要素的合理流动，最终促进农产品稳定生产；②会展农业的生产功能发挥了地区资源优势与地理优势，优化了区域农产品布局，打破了传统农业封闭低效、自给自足的局限性，促进了新贸易环境下农产品贸易的国内外流通；③会展农业聚集农业领域内的相关科研力量，通过制定农业产业标准，实现生产、管理、销售整个过程规范化，构建了上下贯通的管理和服务功能体系，提高对产业的影响力和控制力，带动整个产业的发展。例如，北京为进一步做好大兴西瓜地理标志产品保护工作，做到用标准指导生产，用标准控制产品质量，大兴区通过北京市技术监督局向国标委申请制定《地理标志产品——大兴西瓜》国家标准，2008 年被国家标准化管理委员会批准制定《地理标志产品——大兴西瓜》国家标准，成为北京市首批地理标志保护产品获国家标准的项目，国家标准包括西瓜生产、采摘、储运等全过程。《地理标志产品——大兴西瓜》国家标准的制定推动了大兴区西瓜标准化生产，促进了新品种、新技术的推广与应用，对做大做强大兴西瓜品牌，推动生产规模化、经营一体化进程，增加产品在市场上的竞争力和影响力，提高对西瓜产业的控制力。再如，昌平开展“昌平草莓”国家地理标志产品品牌建设，以此统领整个草莓产业的发展，2011 年，获得国家地理标志产品保护，提高了昌平草莓附加值和品牌影响力。

2. 生态功能

会展农业的生态功能主要体现在农业对生态环境的可持续保护与改善上。农业各要素本身就是构成生态环境的主体因子，其对农业经济的持续发展、人类生存环境的改善、保持生物多样性、防治自然灾害，为二三产业的正常运行和分解消化其排放物产生的外部负效用等，均具有积极的、重大的正效用。会展农业都是因地制宜地利用地区的农业自然禀赋条件发展，推进“三产”顺利运行和融合，并在一定程度上消除由于农业产生的资源浪费等“外部负效用”，具有非常积极的生态效益。

3. 生活功能

会展农业生活功能的集中表现是了解并提高地区人们的身心健康水平、营养程度、生存基本需求、劳动就业与社会保障状况、网络普及程度、信息沟通程度等。根据美国经济学家钱纳里的理论，人均 GDP 达到 3 000 美元以上是居民休闲消费的开始。当前，中国的人均 GDP 已经突破 1 万美元，全国居民人均可支配收入也已经突破 3 万元。乡村的自然资源、人文和社会资源是休闲产业发展的基础，农业节庆的举办完善了乡村基础配套硬件设施和相应的软件支撑系统，形成的独特产业景观、产业体验模式、农业产业文化等吸引着游客深入乡村田园，体验乡村自然、文化、社会气息，为当地居民提供了非常好的休闲场所。以北京会展农业为例，北京昌平区在草莓产业的带动下，观光休闲产业得到了蓬勃发展。昌平草莓博览园在第七届世界草莓大会后，建成的草莓科技示范展示中心、农业休闲体验中心、科普教育活动中心，成为北京市民及周边百姓休闲、娱乐、消费及体验的新场所。再如，北京平谷区在以大桃为标志的生态支点上，加大了观光果业建设力度，使一批大型桃园、桃树专业村相继形成了各具特色的旅游景观，加快了大桃由单一生产型向生产销售、旅游休闲兼具转型。同时，又注重在大桃经济功能之外倾心挖掘、延伸其精神文化功能。现在，平谷不仅每年都要举办以大桃为主题的文艺汇演、诗文创作、摄影书画比赛，还利用丰富的桃木、桃花资源，开发出 200 多种桃木雕刻艺术品和近百种食用保健品。再比如，北京大兴整合各镇旅游资源，开展西瓜采摘等休闲旅游活动，集中推出乐平御瓜园、老宋瓜趣园等 40 个精品观光园采摘园，10 个农家特色美食及各镇特色主题旅游活动。旅游采摘给农民带来了可观的收入，西瓜节期间的一个月里，到大兴休闲旅游的游客达 50 万人次。

4. 文化功能

会展农业的文化功能主要表现为农业在保护文化的多样性和提供教育、审美和休闲等的作用上。农业是人类最古老的产业，其内部蕴含着丰富的文化资源，这使得农业成为记录和延续农耕文明、传统文化的重要载体。会展农业能集中体现出农业在文化方面的保护与传承、提供教育、审美与休闲娱乐等与人们价值观、世界观和人生观形成有积极作用的各个方面，促进人与自然的和谐发展。具体而言，会展农业的文化功能包括三个方面：一是会展农业承担着文化传承的职能，通过该功能可以充分开发和利用乡村资源，挖掘、保护与传承乡村文化，在此基础上开展乡风文明建设，保护乡村文化遗产，实现乡村振兴战略中的“乡风文明”；二是通过会展农业的文化功能来调整和优化农业结构，拓宽农业功能，延长农业产业链，发展农村旅游服务业，促进农民转移就业，增加农民收入，为乡村建设创造较好的经济基础；三是带动区域特色产业的发展，促进地区之间、城乡之间互动。

5. 社会功能

会展农业的社会功能集中表现为农业在社会与政治稳定方面的重要作用。具体而言就是会展农业具有提供就业、提高农民收入，在维护社会稳定、促进农村区域发展方面具有至关重要的作用。会展农业可以大幅度改善农村基础设施，加快建立现代农业产业体系，延伸农业产业链、价值链，促进一二三产业交叉融合，提升农产品的价值，提供就业的岗位，进而促进农民收入的增长。例如，北京顺义区在发展花卉会展农业的进程中，不仅较好地带动了旅游、餐饮等多产业发展，而且产生了“三金效应”，即“薪金效应”，通过花卉会展农业的带动，增加了就业机会；“租金效应”，通过花卉会展农业吸引企业入驻，提高了土地收益；“股金效应”，在市级扶持的基础上，区政府出台了设施补贴的措施，一部分补贴作为农民入股的股金，农民可以从中获得分红。农民收入的增长，能有力地促进农村的社会稳定。

（二）会展农业的作用

1. 调节市场供求和优化资源配置

调节市场供求是会展农业经济特性的重要体现，主要表现在创造供给、刺激需求和平衡供求三个方面。供给方面，会展农业提供的农业科技、休闲体验、农耕文化、餐饮美食等都是针对消费者当下更多没有被满足的需求和新生需求，从而提高了农产品的供给效率。需求方面，农业会展将不同地域、不同层次的消费者、生产商集聚到一起，不仅使一些原来得不到满足的需求能够找到有效供给，也刺激了新需求的产生，推动了农产品市场规模的扩大。在平衡供给方面，会展农业大量的信息流对供给和需求都有很强的引导作用，促进实现未开发的供给与一部分未能实现的需求的对接，促进了整个市场体系实现局部均衡。通过调节供求，会展农业可以实现资源的优化配置。会展农业可为农产品的供求双方提供最新、最全的市场信息，农产品生产者可以根据市场行情调节自身的资源投入的数量、种类和方向，优化农产品相关资源的配置。发展会展农业意味着在一个扩大的开放潮流中，农业产品、技术、生产、营销等诸方面可以获得比较优势，从而大大减少国内资源的机会成本，有助于增强农业综合竞争力。同时，农业会展对供求的影响有助于产业基础结构的优化升级。一方面，通过发展会展农业可以改变投资与消费的预期，进而改变人们的需求决策以及需求结构，特别是中间需求与最终需求的比例、消费与投资的比例、消费结构等，从而引起产业结构的变动调整；另一方面，会展农业通过聚集大量的产品、资金、技术和信息，有利于农业技术和管理方式的交流与合作，促进先进技术的引进和转化，进而改变劳动力和资本的拥有状况，调整它们之间的相对价格，最终实现农业竞争力的提升。

2. 促进农业产业化和区域经济结构升级

农业产业化经营是以市场为导向，以家庭承包经营为基础，依靠各类龙头组织的带动，将生产、加工、销售紧密结合起来，实行一体化经营的一种组织形式和经营方式。会展农业强化了市场对农业的导向作用。农业经营者可以了解到最新的农产品需求趋势，调整经营计划。对于产业关联度大、技术水平高、带动能力强的龙头企业而言，会展农业是其进行宣传和营销的重要窗口。这些企业可以通过会展了解最新、最全的科技和产品动态，展示新产品、新技术，与消费者进行直接的交流和交易，宣传企业形象，同时达到市场考察、产品推广、促进交易和树立良好品牌形象的目标。通过强化市场对农业生产经营的导向作用，会展农业可以有力地促进我国农业的产业化。

区域经济是在一定区域内经济发展的内部因素与外部条件相互作用而产生的综合体。每一个区域的经济发展都受到自然条件、社会经济条件和技术经济政策等因素的制约。城乡区域经济是一种综合性经济发展的地理概念。它反映城乡间区域性的资源开发和利用现状及其问题，尤其是指土地资源、人力资源和生物资源合理利用程度，主要表现在城乡生产力布局科学性和经济效益上。会展农业借助有影响的农业会展活动，吸收了全国乃至世界的高端要素，提高了农产品的生产、加工、营销等产业化水平，实行园区化示范、基地化种养、标准化生产、企业化经营、产业化开发，实现了高产出、高品质、高效益，成为现代农业的展示窗口和示范基地，进而发挥辐射、带动作用，带动区域经济发展。会展农业对区域经济的发展作用主要表现在：一是促进区域农业产业专业化分工不断发展；二是加速对区域农业经济增长极的培育；三是提高区域综合竞争力和知名度；四是实现区域支柱、优势产业崛起。会展农业的发展，提高了农产品生产、加工、营销等产业化水平，使产业增效、农民增收，实现了高产出、高品质、高效益。例如，北京依托独有的区位优势和科技优势，先后成功举办了世界草莓大会、世界葡萄大会、世界种子大会、世界食用菌大会、世界马铃薯大会、世界月季洲际大会和世界园艺博览会等多项令人瞩目的国际高级别的农业盛会，有效带动了北京昌平的草莓产业、延庆和怀来的葡萄产业、北京籽种产业、北京通州食用菌等产业的发展。其中，2012 年举行的第七届世界草莓大会让北京昌平的草莓走向了世界，中国的草莓科研水平至少提速了 5 ~ 10 年。北京昌平区的草莓产业从小到大，从弱到强，形成了“小区域大产业、小队伍大服务、小草莓大市场”的产业集群。

会展农业在促进区域经济总量增长的同时，也对区域经济结构产生了重要影响。从国内各地会展农业实践来看，会展农业在以下几方面促进了城乡区域经济结构的改善：一是改善了区域经济发展的总体布局；二是促进了城乡经济发展速度和规模与当地的实际情况的匹配（包括人力、物力和资金等因素）；三是推动了本地的自然资源和环境资源的合理利用；四是加速了当地各生产部门的发展与整个区域经济的协调发展；五是改进了区域性基础设施，增强了生产部门与非生产部门之间的适应性。

3. 塑造和提升区域品牌价值

会展农业是农村产业融合发展的一种形态。通过农村一、二、三产业融合，有助于各地形成特色农业集群、建设特色农产品优势区、形成和发展农产品区域品牌。农产品区域品牌是某个区域内一群生产经营者所用的一种以地理标志为主的品牌标志，其基础是有特色农业产业集群或特色农产品大量聚集于某一特定的行政或经济区域，经过区域地方政府、行业组织或农产品龙头企业等营销主体有组织的营销与管理而形成的，是消费者对农产品区域形象的认知。农产品区域品牌可以更好地引导城市居民消费农产品；可以使农业生产的资源优势和特定区域优势转化为农产品的市场竞争优势；可以克服农业经营的高度分散性；可以提高农业产业化和集约化水平，有利于提高产业链的整体经济效益。农产品区域品牌的重要标志之一是获得地理标志产品认定。在这方面，北京市有了成功的先例。北京市借助农业会展活动积极帮助行业协会、农业企业做好农产品区域品牌营销宣传，实施农产品区域品牌口碑传播，扩大农产品区域品牌知名度，营造多方合力推进农产品区域品牌的良好氛围，提高农产品区域品牌价值，使平谷大桃、大兴西瓜、昌平草莓先后获得国家认定的地理标志保护产品。其中，平谷大桃进入中欧“10＋10”地理标志互保试点产品清单，在欧盟得到地理标志保护注册，正式成为欧盟地理标志保护产品。

会展农业和农产品区域品牌的发展是相互促进的关系，会展农业能给农产品区域品牌发展带来积极的影响。这主要体现在：一是推动农产品区域品牌的形成。会展农业能产生协同效应，将资金、人才、技术、信息、设施、装备等产业发展资源和要素通过会展农业集聚到农村。这些资源要素的集聚，是推动和加速相关农业产业集群形成的基础。资金、人才、装备等资源要素从规模化和专业化两个方面促进相关农业产业集群的发展，巩固了农产品区域品牌形成的先决条件，有助于推动农产品区域品牌的建设；二是推动农产品区域品牌竞争力的提升。会展农业有助于推动各产业资源、要素对农业进行渗透、改造和升级，对农产品区域品牌进行赋能，能够推动农产品区域品牌竞争力的提升。首先，农产品区域品牌在会展农业赋能下得到标准化和规范化的发展，品牌品质得到了充分保证。农产品区域品牌的市场竞争力得到相应提升。其次，会展农业可以推进相关基础设施和公共服务平台的建设和运营，降低农产品区域品牌各经营主体的运营成本，农产品区域品牌各经营主体得以在产品和服务方面加大投入。再次，会展农业能促进市场与生产者之间的对接，有助于解决供需之间的信息不对称问题，帮助农产品区域品牌的产品研发和改进，充分凸显农产品区域品牌的比较优势。因此，产业融合路径优化能综合提升农产品区域品牌的竞争力。以北京平谷大桃为例，北京平谷区自20世纪80年代起开始发展大桃，以每年春天的“桃花节”为主打项目，深入挖掘大桃产业增收潜力，以“栽培有机化、优新品种多样化、果园公园化、销售配送化”为发展方向，大力发展大桃产业，扩大“平谷大桃”品牌影响力，塑造平谷大桃国际品牌形象，持续传播和推广平谷大桃文化、宣传平谷产业发展取得的优异成绩，让更多消费者感受体验平谷大桃文化、促进平谷大桃产业链的生态健康发展。目前，北京平谷区已经成为中国著名的大桃之乡，首都最大的果区，22万亩世界最大桃园里，油桃、白桃、黄桃、蟠桃 4 大类 200 多个品种的精品鲜桃持续供应首都及全国市场。平谷大桃，是国家地理标志保护产品。平谷的大宗商品桃上市时间为每年 4—10 月，长达 6 个月之久。平谷区的 7 万多名桃农，1 000 余名农技员辛勤耕耘，运用近百项综合配套技术让平谷大桃从一种果品，正在发展成一项富民产业。2018 年，北京平谷区农业总产值 39. 5 亿元，大桃总收入 12. 54 亿元，占农业总产值的 31. 7%。在 2019 年第十七届中国国际农产品交易会上，发布了中国农业品牌目录 300 个具有代表性的特色农产品区域公用品牌、100 个农产品区域公用品牌价值评估榜单和影响力指数评价榜单，北京平谷大桃、大兴西瓜在果品类上榜。在公布的榜单中，北京的“平谷大桃”品牌价值评估结果为 101. 84 亿元，在 100 个品牌中排名位置相对算比较靠前，著名的黑龙江五常大米则以 897. 26 亿元位居农产品区域公用品牌价值首位。一同上榜的还有陕西洛川苹果，广西百色桂七芒果，洛川苹果的品牌价值估值为 687. 27 亿元，百色桂七芒果品牌价值估值为 173. 23 亿元。

4. 推动农产品贸易发展，加快农业国际化进程

农业国际化是经济全球化的一个重要组成部分，是世界经济一体化在农业领域的直接体现。农业国际化是指各国按照比较优势原则进行的专业分工，并据此整理和重组国内农业资源，提高农业资源利用效率，实现资源和产品的国内国际市场双向流动，以促使各国农业形成相互联系、相互依存的全球农业经济整体。在国际化、“一带一路”倡议背景下，会展农业可以增强农业技术和农业发展战略的国际交流，使全球农业经济整体中的信息交流更加充分和快速。同时，会展农业还可以促进农产品和生产要素的国际贸易，推进农业生产的国际化。

5. 促进农民收入增加

会展农业通过对农业的生产、生活、生态、旅游等功能进行综

合开发，拉长了农业产业链，为二三产业发展提供了空间，提高了综合经济效益，增加了农民的收入。例如，北京昌平区形成的以草莓生产为中心的“草莓产业链”和“草莓文化”，以“草莓经济”为中心，成功整合了以草莓观光采摘为代表的休闲旅游产业链。昌平草莓种植规模由第七届世界草莓大会举办前的 2 000 栋日光温室发展到 2019 年的 4 800 栋，年产量由第七届世界草莓大会举办前的 200 万千克增长到 2019—2020 年度的 630 万千克以上，产值达到 3. 3 亿元以上，解决了 13 个镇70 个村 1 500 余户农民就业问题。农民从事草莓生产，人均可管理 2 个日光温室，平均每个草莓大棚年纯利可达 3 万元以上。在第七届世界草莓大会举办之后，2013—2019 年，北京市在草莓博览园连续成功举办了七届突出农业主题，体现农业生产、生态、休闲、教育、示范等多功能于一体的都市型现代农业盛会——北京农业嘉年华。北京农业嘉年华注重区域产业联动作用以及对昌平相关产业的辐射带动作用。通过场馆设置、景观创意、版块策划，使农业嘉年华成为展示农业产业、全域旅游产业、文化创意产业、科技创新产业的优质平台，同时通过与农业、旅游、文创、科创等区域优质企业的合作，促进产业发展。在北京农业嘉年华的引领下，昌平区年均接待草莓采摘游客 300 万人次左右，草莓观光采摘销售量约占总产量的六成，北京农业嘉年华有效带动了昌平区草莓产业和休闲旅游的融合发展，促进了农民收入的增长。

6. 开辟城乡经济社会一体化新路径

城乡经济社会发展一体化是在社会发展战略上把城市、农村视为一个整体，使城乡协调发展、共同繁荣，城乡差别逐渐消失，最终融为一体的过程。城乡经济社会发展一体化是城市发展的一个新阶段，是随着生产力发展而促进城乡居民的生产方式、生活方式和居住方式改变的过程，是城乡人口、技术、资本、资源等要素相互融合、互为资源、互为市场、互相服务，逐步达到城乡在经济、社会、文化、生态上协调发展的过程。实现城乡经济社会一体化具体包括：一是推进城乡发展规划一体化，按照城乡发展规划一体化的要求，把农村和城市作为一个有机整体，在统一制定土地利用总体规划的基础上，明确区分功能定位，统一规划基本农田保护区、居民生活区、工业园区、商贸区、休闲区、生态涵养区等，使城乡发展能够互相衔接、互相促进；二是推进城乡产业发展一体化，城乡产业发展一体化要求加速区域经济的协调发展，使三大产业在城乡之间进行广泛渗透融合，使城乡工农业合理布局、相互补充、互相促进，加快城乡第三产业，特别是商贸流通业的一体化，促进城乡间生产要素的流通，加速现代文明和先进服务业向农村扩散，促进城乡共同繁荣；三是推进城乡基础设施建设一体化，在推进城乡基础设施建设方面统一考虑、统一布局、统一推进，特别要增加对农村道路、水、电、通信和垃圾处理设施等方面的建设投入，提高上述设施的质量和服务功能，并与城市有关设施统筹考虑，实现城乡共建、城乡联网、城乡共享；四是推进城乡公共服务一体化，加大公共财政向农村教育和公共卫生等方面的转移支付，推进城乡劳动力就业一体化；五是推进城乡社会管理一体化。

会展农业的发展能有效地实现城市基础设施向乡村延伸，城市理念和文明引入乡村的目的，有助于加强城乡统筹，实现农业产业升级，农民的收入增加，市民有新的休闲产品，地方形象和竞争力也提升，这是一条多赢的路径。每次农业会展的举办，引导了人流、物流、资金流向郊区聚集，推动了城市基础设施、环境建设向郊区延伸，有效地实现了农村资源和城市要素的整合，极大地改善了环境面貌，推进了农业基础设施完善、环境整治和绿化美化，为乡村形成城乡经济社会一体化发展新格局开辟了新路径。会展农业基础设施的投入也获得了回报，各类高级别农业会展的举办，集中展示了国内外现代农业发展的精彩成果，汇集了国内外现代农业技术的动态前沿，增进了农业产业国际交流，提升了地区农业影响力和区域整体形象。

（三）会展农业的效益

会展农业是会展业和农业的有机融合产物。对会展农业效益的衡量，首先要符合会展农业活动的一般标准，会展农业活动的一般标准包括展示性和交易性。同时，还要考虑其对农业产业发展的外部性效果，即对农业的技术进步、农业产业升级、农民行为所产生的特殊影响。会展农业的效益可以从经济、社会、生态三个方面加以衡量。

1. 经济效益

经济效益是人们进行经济活动所取得的结果，而经济活动的生产环节又是整个经济活动的基础，决定着分配、交换、消费等环节。会展农业的经济效益应该是综合性的，包括以下三个方面：一是从参展商和观众那里获得的直接经济收入，如门票收入、展位收入、仓储配送收入或者会务费用收入、游客的消费收入及会展的广告费收入；二是农业产业升级、品牌农业给农民带来的产品销售收益；三是会展活动拉动房地产、交通、住宿、餐饮、通讯等相关行业产品和服务需求带来的收益。通常情况下，会展农业带给上述相关行业的收益和给农民带来的增收额远远大于会展农业直接从参展商和观众那里获得的直接经济收入。

2. 社会效益

会展农业社会效益是指会展农业发展给社会带来的积极作用和有益效果，包括带动地区就业、增加政府税收、促进城乡稳定发展、推进农业的现代化等各个方面。会展农业作为一二三产业融合发展的农业形态，延长了产业链，为地区带来了更多的就业机会和岗位，吸引了更多的社会资本流向乡村，促进了城乡稳定发展。

3. 生态效益

生态效益是指人们在生产中依据生态平衡规律，使自然界的生物系统对人类的生产、生活条件和环境条件产生了有益影响和有利效果，它关系到人类生存发展的根本利益和长远利益。生态效益的基础是生态平衡和生态系统的良性、高效循环。农业生产中讲究生态效益，就是要使农业生态系统各组成部分在物质与能量输出输入的数量上、结构功能上，经常处于相互适应、相互协调的平衡状态，使农业自然资源得到合理的开发、利用和保护，促进农业和农村经济持续、稳定发展。会展农业是现代农业的一种高端业态，会展农业能够实现对资源的合理利用、对环境的改善和治理、对生态系统的保护等，对地区生产、生活条件和环境产生积极有利的影响和效果，实现农业的可持续发展。

五、会展农业特征、构成要素及类型

会展农业是由农业会展活动带动而发展起来的一种现代农业形态，通过农业会展活动的引领，实现现代物质条件和先进的科学技术对农业的装备和改造，实现现代产业体系和经营模式对农业的推动，推进农业与教育、旅游、人文、康养等产业深度融合，提升农业劳动生产率和土地产出率，提升农业素质和竞争力。

（一）会展农业特征

会展农业具有现代农业的基本特征：一是物质装备和基础设施条件完备。农业生产的全过程中所必需的物质装备和基础设施条件不断改善，先进程度不断提高。二是生产技术先进。现代的科学技术集成应用于农业，从而实现提高产量、提升质量、降低成本、保证安全的效果。三是经营规模适度。土地、劳动力、资金、管理技术等生产要素适当集中使用，达到最优配比，以获取更大的经济效益。四是产业融合发展。产加销一体、一二三产业融合，农业生产的广度和深度都不断拓展，形成一个完整的产业体系。五是产品优质安全。更加注重农产品质量安全，确保人民群众“舌尖上的安全”。六是职业农民队伍形成。农民作为一个职业象征，农业经营者成为善经营、会管理、懂技术的新型职业农民并获得体面务农收入。同时，会展农业具有如下的产业特征。

1．专业性农业会展带动

根据农业会展主题的限定、展商和观众的行业类别等的不同，可将农业会展分为综合性、专业性和附属性三种类型。综合性的农业会展的主题不局限在一个特定的农业子产业，对参与展览的农业设备、技术以及产品都没有特定领域的限定，同时，参观的观众也没有特别归类。专业性农业会展是指主题限定于特定的农业子产业，参展企业绝大部分与特定产业相关，参展的观众也来自特定专业领域。附属性农业会展是在农业和非农业主题的会展活动中，附属举办的农业展区，其展示区或涉农参展企业达到一定比例、涉农观众在全体观众中占有一定比例，是农业会展的一种特殊形式。从国内会展农业的实践过程看，会展农业基本都是由专业性农业会展活动带动发展起来的。如（寿光）国际蔬菜科技博览会带动发展起来了山东寿光的蔬菜产业；中国·陕西（洛川）苹果博览会带动发展起来了苹果产业；世界草莓大会的召开带动发展起来了北京昌平的草莓产业；北京（丰台）种子交易会带动发展起来了北京的籽种产业；北京大兴的西瓜节带动发展起来了北京的西甜瓜产业等。从理论和发达国家会展农业发展的实践看，综合性的农业会展对经济效益的促进作用不如专业性农业会展，专业性是会展的发展趋势，专业性会展对相关产业发展的促进作用更加显著。

2. 功能的多样性

会展农业是指以拓展农业多功能为导向，以农业、农俗、农产品为载体，以会议、展览、展销、节庆、农事等活动为表征，融合了旅游、文化、餐饮、服务、物流等多种业态的现代农业高端形态。会展农业不仅是生产、生态、生活功能融合的平台，也是农业研发、休闲旅游、文化创意、农产品加工等价值整合的平台。会展农业与一般农业会展相比，不仅会带动旅游、物流、交通、饭店服务等产业的发展，而且还会聚合农业产业链上的诸多环节和产品，聚合效应非常显著，特别是农业形成的景观和所展示农产品的品尝，会大幅度带动旅游、交通等产业的发展，极大地提高了相关产业的关联度。因此说，会展农业聚合效应显著，不仅与农业有关，而且涉及产业范围广泛，产业关联度高。通过农业会展活动，实现了一二三产业的有机融合，延长了农业产业链，提升了农业附加值。

3. 注重打造区域品牌

与农业会展仅仅着眼于打造企业品牌和产品品牌不同，会展农业是一个系统工程，注重打造区域品牌。农产品区域品牌指的是特定区域内相关机构、企业、农户等所共有的，在生产地域范围、品种品质管理、品牌使用许可、品牌行销与传播等方面具有共同诉求与行动，以联合提供区域内为消费者的评价，使区域产品与区域形象共同发展的农产品品牌。农产品区域品牌的特殊性体现在：一般须建立在区域内独特自然资源或产业资源的基础上及借助区域内的农产品资源优势；品牌权益不属于某个企业或集团、个人拥有，而为区域内相关机构、企业、个人等共同所有；具有区域的表征性意义和价值。通过打造区域农业品牌形象，实现产业升级，获得品牌效益。特定农产品区域公用品牌是特定区域代表，因此，经常被称为一个区域的“金名片”，对其区域的形象、美誉度、旅游等都起到积极的作用。在国际上，采用区域品牌类型创建农产品品牌、发展区域产品销售，提高区域形象的成功例子较多，如美国的爱达荷马铃薯品牌、中国台湾地区的台湾好米。北京昌平的草莓、延庆和怀来的葡萄、大兴的西瓜、平谷的大桃等获得了农产品地理标志认证，北京平谷大桃、大兴西瓜获具有代表性的特色农产品区域公用品牌，会展农业是一条打造区域农业品牌的有效途径。

4. 资源整合作用明显

人们在从事农业生产或农业经济活动时所涉及的各种资源，既包括以土地资源、水资源、气候资源、生物资源为主的农业自然资源，也包括以农业科技资源、劳动力资源、资本资源为主的农业社会经济资源。会展农业不仅能够实现农业资源在农村范围内有序流动和优化配置，能够进一步延长农业产业链条，优化农业资源配置方式，更高程度地提高农业资源配置效率，还可以有效发掘农业固有的多功能性，激活农村房屋、土地等资源要素的内在价值和对其他生产要素的需求，优化农业产业结构，为农村经济社会可持续发展提供长效的动力机制。同时，还能够通过建立完善的激励约束机制实现城乡要素的充分流动和均衡配置，引导了人流、物流、资金流向郊区聚集，推动城市基础设施、环境建设向郊区延伸，有效实现了农村资源和城市要素的整合，极大改善城乡环境面貌，推进农业基础设施完善、环境整治和绿化美化，为形成城乡经济一体化发展格局开辟了新路径。例如，为筹办第七届世界草莓大会，北京市、昌平区两级财政共投入资金25.23亿元，主要用于大会场馆建设、周边5条道路建设、环境改造提升工程。同样，北京通州区为世界食用菌大会投资2亿多元，重点建设“一路一场一园一区”等工程，极大地优化了区域发展环境。会展农业使地区农业产业升级的同时，增加了农民收入，使市民有了新的休闲产品，大大提升了地区形象和竞争力，这是一条多赢的路径。

（二）会展农业构成要素

会展农业不仅是经济、生态、生活功能融合的平台，也是农业研发、休闲旅游、文化创意、农产品加工等价值整合的平台。通过农业会展活动，在实现一二三产业融合发展的同时，提升了农业附加值。会展农业作为现代农业的一种实现形式，与传统农业是两种完全不同的发展方式，传统农业主要是生产，会展农业则要注意区域的特色资源、市场、资金等问题。从会展农业的实践看，会展农业构成要素主要包括特色农业产业资源、农业会展、龙头企业或经济组织、生产展示基地、政府政策等。

1. 特色农业产业资源

特色农业产业资源是会展农业的核心要素。我国幅员辽阔，多种多样的气候和地貌类型适宜众多种类的农业生物类群生长发育。经过长期发展，各地涌现出一批具有独特品种、特殊品质、特定区域的特色农产品，这些具有独特品种、特殊品质、特定区域的特色农产品具有资源禀赋和比较优势，产品品质优良、特色鲜明。源于特定地域的特色农业产业资源有助于获得地理标志产品认证。拥有独特、专属的地理标志特征的产品及其产业，可以创造出更高的农产品品牌价值。利用地理标志产品的特色专属性，打造专属性强、无法复制的区域农产品品牌。特色农业产业资源可以创造基于品种特色的独特品牌竞争力。发展会展农业的目的是通过打造区域农业品牌形象，实现区域产业的升级。

我国特色农业产业资源具备了一定的发展基础。经过多年努力，我国特色农产品总量不断增加，质量不断提高，生产规模不断扩大，一批特色农产品产加销龙头企业快速成长，形式多样的农民合作组织和行业协会不断涌现，形成了众多特色鲜明、分工合理、协调发展的优势产业区，产生了许多知名品牌产品，极大带动了当地特色农业发展和市场拓展。据不完全统计，我国各类特色农产品产值达到5万亿元左右，约占我国农业总产值的50%，占据我国农业的“半壁江山”。一些产品形成了较强的市场影响力，创出了国际知名的大品牌，得到国内外广大消费者的广泛赞誉。但其整体规模不大、发展水平不高。

我国特色农业产业资源农产品市场潜力巨大。当前，随着我国经济社会的发展，城乡居民消费结构持续升级，对农产品的营养功能、保健功能和优质独特等个性化、多样化需求快速增加，丰富多样的特色农产品越来越受到消费者青睐。同时，城乡居民收入不断增长，对特色、优质农产品的价格承受能力明显提高，特色农产品市场呈现出购销两旺的态势。今后一段时期，大量特色农产品将逐渐从区域性消费向全国性消费转变，从少数群体消费向全民性消费转变，从季节性消费向全年性消费转变，特色农产品产业将成为我国农业发展的支柱产业。

在国内，各方投资特色农业的积极性较高。我国经济发展进入新常态后，农业始终是投资领域的一片热土，特别是特色农业因产业开发程度相对较低、发展潜力大，得到社会各界的广泛关注。在我国大宗农产品供需相对稳定的背景下，地方政府把发展特色农业产业作为带动农民持续增收的重要抓手，引导农民积极调整生产结构，发展本地特色农产品生产。同时，大量社会资本进入特色农产品的生产、加工、仓储、物流、营销等各个环节，促进特色农业产业增值增效。在政府、新型经营主体和广大农户的合力推动下，特色农业产业逐步形成以投入促进发展、以发展吸引投入的良性循环。

会展农业以区域资源禀赋和产业比较优势为基础，以经济效益为中心，以农民增收为目的，完善标准体系，强化技术支撑，以农业会展活动为带动，改进基础设施，加强品牌建设和主体培育，打造一批特色鲜明、优势聚集、产业融合、历史文化厚重、市场竞争力强的特色农产品优势区，促进优势特色农业产业做大做强，建立农民能够合理分享二、三产业收益的长效机制，提高特色农产品的供给质量和市场竞争力，推动农业供给侧结构性改革，辐射带动农民持续增收。

2. 农业会展活动

农业会展活动是会展农业的平台和支撑要素。农业会展是以农产品及其加工品、投入品、技术、服务等展览为核心，包含带有经贸属性的农业会议、论坛和农业节庆活动等在内的会展活动，具有独特的平台产品属性、显著的外部性和广泛的产业关联性。农业节庆是依托当地的主导产业，将农耕文化、民俗风情融入传统节日或主题庆典中而开发的节庆，通过农业节庆活动推动旅游、会展、贸易及文化等行业发展，是“农业搭台、经济唱戏、文化传承”的一种创意。农业节庆是体验式和消费式相结合的农业创意类型，常常兼具吃、玩、赏、教等多项功能，其中吃、玩等休闲娱乐功能尤为显著。

农业会展一方面是企业进行宣传和营销的重要窗口，能够有力地促进农产品贸易发展。农业会展能够将供应商、生产商、经销商与消费者联系起来，打通企业从农产品生产到最终销售的完整营销链条。企业通过面向终端消费者展示、宣传农产品，不仅提升了产品品牌知名度，更重要的是通过直接交流能够达到市场考察的目的，更精准地获取消费者对产品的反馈意见，进而帮助企业满足消费者的需求。另一方面，企业通过会展能够获得快速结识新经销商的机会，甚至可以在会展上直接签订销售订单，增加了企业间的贸易合作机会，拓宽农产品销售渠道。通过农业会展可以实现资源的双向流通，促进农产品营销和可持续发展。

农业会展的发展正日益完善，这也促进农业朝着标准化、专业化、国际化的方向发展。农业会展是当前农业先进发展水平的缩影，在农业标准的制定、修正和发布方面发挥着巨大的作用。农业会展能够在短时间内迅速聚集一大批农业相关单位，加强了农业企业与上下游产业、相关产业之间的信息、价值和物流沟通，使参展商获得投资机构、科研机构、业内人才乃至全社会的关注。如中国国际种业博览会，除了搭建室内展览和田间种植展示，同期还召开种业高峰论坛，为加强种业科研交流、展示种业创新成果、指导经销商和农民观摩选种提供高效服务。展后，企业通过各种合作方式获取行业信息、资金支持、技术支持或人才加盟等生产要素，在增强自身产品附加值和企业竞争力的同时，促成社会关注农业、支持农业、投入农业，加快农业现代化建设进程。

农业会展作为农业发展的行业交流平台，有助于参展单位及个人引入优质生产要素和先进理念，为今后的农业发展提供了出路。农业会展中除了进行人才、技术和资金等生产要素的交流，也会进行企业管理理念、新产业和新业态、行业发展新趋势的交流。这些资讯的交流对于企业或者政府来说是十分重要的，通过学习业内先进经验和创新做法，有助于了解行业格局，并迅速找准自身定位，及时调整自身的种植计划、农用资料购置计划以及未来的发展策略，在新一轮竞争中赢得先机，为农业今后的发展指明方向。

农业会展可以通过刺激需求或使有效需求尽可能地得到实现，而改变人们的消费需求决策、需求行为、需求预期、需求结构，进而改变人们的投资预期、投资决策、投资行为、社会投资格局，从而促进农业产业结构的调整。

总之，农业会展具有品牌形象传播快、产品信息容量大、社会关注度高等特点，通过农业展会可以让农业经营者获得先进的技术设备、人才资金和经营理念。同时，农业会展可以快速推广特色农产品，提升品牌形象，促使农产品走出去，推动现代农业的发展。

3. 龙头企业或经济组织

龙头企业或经济组织集成利用资本、技术、人才等生产要素，带动农户发展专业化、标准化、规模化、集约化生产，是会展农业重要组成部分，是会展农业运行的关键。龙头企业或经济组是构建会展农业产业体系、生产体系、经营体系的中坚力量，在推进农业延伸产业链、打造供应链、提升价值链过程中，龙头企业或经济组织发挥着家庭农场、农民合作社不可替代的重要作用。

龙头企业或经济组织是推进会展农业发展和壮大的引擎。在发展和壮大会展农业的过程中，龙头企业或经济组织、家庭农场、农民合作社均可发挥重要作用。但在多数情况下，龙头企业或经济组织在区域化、规模化推进会展农业发展壮大方面的作用明显超过家庭农场和农民合作社。许多地方迅速成长的农业高新技术产业示范区、科技园区、现代农业产业园、农村产业融合发展示范园、农业产业强镇、返乡创业园，成为区域化、规模化推进农业供给侧结构性改革和发展壮大乡村产业的重要平台。在这些平台运行中，家庭农场和农民合作社往往只是参与者，农业产业化龙头企业或经济组织则成为领办者或承办者，更具牵动作用。国内会展农业的实践表明，龙头企业或经济组织更可能成为区域性会展农业生产性服务业的综合集成商、农业生产性服务业全程供应商及区域化、规模化发展农业生产性服务业的开拓者和组织者。

龙头企业或经济组织主导着与家庭农场、农民合作社的合作。近年来，随着现代农业发展和农业产业化经营的推进，龙头企业与家庭农场、农民合作社、农业生产性服务组织的联合合作迅速深化。许多地方的会展农业实践表明："龙头企业+家庭农场""龙头企业+合作社""龙头企业+农民合作社+家庭农场"等创新组织在带动会展农业发展和农民增收中成效显著。在多数联合合作中，龙头企业或经济组织往往发挥家庭农场、农民合作社难以替代的主导作用。龙头企业或经济组织是会展农业产业链的组织者、农业生产性服务综合集成商，也是品牌、标准、市场等战略性资源的控制者。龙头企业或经济组织资源整合、要素集成、市场营销和拓展提升能力，在很大程度上决定着会展农业产业链的竞争力、会展农业供应链的协调性和会展农业价值链的高度。尤其是近年来，面对"国内外风险挑战明显增多的复杂局面"，农户、家庭农场、农民合作社发展现代农业和乡村产业面临的突出问题和风险隐患明显增加，龙头企业或经济组织在供应链融资、市场营销、品牌培育、信贷担保和保险等方面的支持，对解决农户、家庭农场、农民合作社面临的突出问题，发挥着重要的作用。

4. 生产展示基地

生产展示基地是面向市场，连片开发，具有较大规模的农产品生产、展示、观光游览体系，生产展示基地是会展农业的依托。生产展示基地与常规的农业生产基地不同，其具有如下的特征：一是生产设施化，生产展示基地采用先进的工程技术手段和工业化方式进行生产，一般都具有工厂化和精确农业设施，这些设施具有自动化、半自动化功能，配套生产效率高；二是技术高新化，生产展示基地的农业技术要以促进资源优势转化为产品优势和经济优势为出发点，从提高土地生产率转变为提高土地生产率和提高劳动生产率相结合，从单纯高产型技术转变为优质、高产、高效和低耗型技术，高新农业技术在生产展示基地的应用是会展农业发展的关键；三是管理高效化，生产展示基地要建立企业化经营管理运行制度，可根据自身发展需要进行农业技术成果的引进、转化和产业化开发；四是功能多样化，生产展示基地集结了展示示范、生产加工、辐射带动、培训教育、休闲观光、技术研发等多种功能；五是环境园林化，生产展示基地应遵循园林美学的设计原则，将自然美、生活美、艺术美高度统一，满足生产和工作需要，迎合观光游览者的需求。

区域性是农业生产的显著特征之一，生产展示基地的示范和辐射功能也是有一定区域性的，生产展示基地的建设要充分考虑当地的自然资源状况、农业生产特点和社会经济水平。生产展示基地的建立有开发区模式、农业公司模式、多方联合模式和科技承包模式。开发区模式是在农业科研和教学单位密集的地区，由国家和地方政府共同投资兴建。农业公司模式是由投资业主直接与村组、农户打交道，签订土地租赁合同，将土地使用权租赁过来，实行独资开发，个体经营。多方联合模式是政府、科研单位、教学单位、生产企业、集体经济组织、金融组织、外商和个人等不同机构和个人在互惠互利基础上采取合作制、股份制、股份合作制等多种形式在生产展示基地中进行合作研究、合作开发和合作生产。科技承包模式是政府或集体负责投资建成园区的基础设施后，由企业、农业技术人员、大户自愿承包，租赁经营，并建立自主经营和自负盈亏的机制。这种建园模式适用于生产型或展示型的园区，它主要是把那些农民容易吸纳和接受的农业适用技术迅速转化为现实生产力，不具有研究开发功能。

5. 政府政策

各级政府是会展农业的组织者和监管者。政府的作用是：整合相关资源，做好会展农业发展定位、发展规划，对会展农业建设内容、发展方向进行宏观指导，制定相关政策，协调各方利益；建设会展农业基础设施条件，在农业会展活动建设用地、土地流转、资金筹集、简化办事程序等方面给予支持，保证良好的内外发展环境；协调相关科研力量，建立科技研发和服务推广体系，对区域农业产业发展发挥导向作用；搭建科技成果转化服务平台、信息交流服务平台、农产品加工服务平台、招商引资服务平台，为会展农业提供相应服务。

（三）会展农业类型

关于会展农业的类型，从现有国内会展农业的实践来看，可以从不同的角度加以分类。

1. 按会展农业功能分类

按照会展农业发挥的主要功能作用不同，会展农业可以分为商品生产型、展示型、体验型、综合型 4 种类型。

（1）商品生产型会展农业。商品生产型是指所在区域已形成某种农产品的大规模商品生产基地，农业会展的举办促进所在区域农业产业的升级和结构优化，实现了农业增效和农民增收，这类会展农业是以大规模的商品生产功能为主的。例如，山东省寿光市是国内最大的冬暖式蔬菜大棚生产基地，截止到 2019 年，已连续成功举办了 20 届蔬菜博览会，增强了寿光蔬菜产业的影响力和竞争力，使蔬菜产业成为寿光市最具竞争力和特色的支柱产业，产生了波及国内外的带动效应。

（2）展示型会展农业。展示型会展农业是指为农业会展配套设置的集展示农产品品种特性、普及农业科技知识、吸引各方客人交流沟通、洽谈业务、参观访问和休闲观光等功能为一体的农产品基地或园区。这类会展农业的主要功能是展示农产品的品种特性。例如，始于 1992 年，源于北京丰台种子交易会的北京种子大会，已经连续成功举办了 27 届，北京种子大会目前已发展成为国内规模最大、规格最高、影响力最广的种业展会，是北京市加快“种业之都”建设，打造全球种业交易、交流、创新、服务中心的重要载体。作为北京种子大会重要组成部分的丰台区农作物新品种展示基地，拥有国内首家种业主题展示中心，品种具有新奇特的展示优势，已经发展成为北方地区规模最大的蔬菜品种展示观摩基地。农作物新品种展示基地促进丰台区形成以品种展示为特色、以种业交易为核心的种业产业发展定位。在未来数年之后，丰台王佐将会成为我国北方最大的种子新优品种展示中心。

（3）体验型会展农业。体验型会展农业是指利用农产品采摘等节庆活动，引导人们参与、体验农产品收获的乐趣，刺激其消费购买有关农产品的农业产业。这类会展农业的主要功能是为消费者提供休闲、旅游、观光目的地，兼具农产品生产功能。如全国各城市郊区的农产品采摘园、农产品主题公园就属于此种类型。

（4）综合型会展农业。综合型会展农业是指集商品生产、展示、体验、休闲观光等功能于一体的农业。例如，近年来在全国各地得到迅速发展的农业嘉年华。作为城市近郊区农业扩散出来的大型农业活动，经过十多年的发展，在中央大力推进农业改革的背景下，农业嘉年华不再是一个单独性的都市农业休闲体验项目，其内涵也与当地三农建设、主导产业及城乡融合高度关联，以区域统筹建设及乡村综合发展为着力点，与周边区域的现代农业产业发展、生态环境建设和田园社区建设相结合，建在田园综合体、国家现代农业示范区、国家现代农业产业园、国家农业科技园区、国家农业高新区和国家农业公园等大型或超大型农业园区内，农业嘉年华的综合载体属性凸显，融产业、科技、旅游和文化等于一体，有效实现三产联动，形成区域发展极核，更好地发挥区域产业带动、科技示范推广、农民增收致富的巨大作用，实现农业嘉年华的社会、经济、生态全方位可持续发展。

2. 按会展农业呈现形式分类

按照会展农业呈现形式的不同，可以把会展农业分为：农业生产基地、现代农业园区、农业主题公园、农业博物馆等。

（1）农业生产基地。农业生产基地是在全国或地区占有重要地位并能长期稳定地提供大量农产品的集中生产地区。农业生产基地在突出当地的农业特色、产品优势和地域优势的同时，要满足如下要求：一是生产的专业化和产业区域化、模块化，生产基地尽可能相接连片，具备一定的规模，便于机械化生产；二是生态环境，大气、土壤和灌溉水要符合标准；三是在基地管理上，强调生产技术规程的组织实施，严格控制农药、化肥的使用量，禁止剧毒高残留农药的使用；四是运作模式实行基地建设与管理的长效机制，积极推广"企业+基地+农户""市场+基地+农户"或"合作组织+基地+农户"等运作模式。基地在发展定位、经营方式和规划设计上均应突出特色，可以从项目特色、产品特色、地域特色、服务特色、销售特色等多个方面作为落脚点，增强产品或服务的"生命力"和吸引力。

农业生产基地主导产业应是当地农业产值、农民人均纯收入和地方财政收入构成中具有较大比重、在区域内有较高的投入产出比和比较效益的产业。基地主导产业不仅要具有相对集中的自然资源，而且要具备良好的农业基础和一定的经济社会发展条件，要素禀赋相当集中和突出，才能在农业生产基地经营中发挥主导作用，在同其他农业基地的竞争中才能取得良好的比较效益。

（2）现代农业园区。现代农业园区是以技术密集为主要特点，以科技开发、示范、辐射和推广为主要内容，以促进区域农业结构调整和产业升级为目标的农业产业园。现代农业园区有：农村科技园区，包括农业示范园、农业科技示范园、高新技术示范园、工厂化高效农业示范园、持续高效农业示范园等；农业旅游园区，包括农业观光园区、休闲农业园、采摘农业园、生态农业园、民俗观光园、保健农业园、教育农业园等；农业产业化园区及农产品物流园区等多种形式。

（3）农业主题公园。农业主题公园是以农业产业为基础，将农业生产、农民生活、农村文化与自然风光有机融合，能够展示农事景观、提供农事体验、科普、教育、娱乐项目和特色产品，具有观光、休闲、游憩、体验、健身和教育等功能的综合产业园区。农业主题公园是近年来出现的新事物，被认为是一二三产业融合的理想模式，得到社会广泛认可。

农业主题公园要符合生态环境、区域面积、文化传承、产业结构以及配套设施方面的要求。农业主题公园的生态环境要优美，田园地貌、水系、村庄等还要具有休闲观光价值。农耕文化要深厚，有独特的民俗文化，饮食文化、生产习俗、生活习惯、节令节庆、建筑人居等富有特色。区域面积要足够大，主题公园面积应不低于5 000 亩，农业产业基地面积应占总面积的 80% 以上，其中主导产业面积占 60% 以上。如山东兰陵农业主题公园总面积 62 万亩，海南龙寿洋农业主题公园涵盖嘉积、塔洋、大路三个镇，达 60 万亩。产业结构要合理，农业用地保护状况良好，农业产业结构合理，特色明显。配套设施要完善，能为游客提供休闲、体验和游乐等项目及配套服务。

（4）农业博物馆。农业博物馆是通过对某个农业主题的整体设计和历史挖掘，创造出特色鲜明的展示空间，兼有休闲观光和教育普及等功能，以满足游客需求的一种现代化陈列展示场所。目前我国已经建成的农业博物馆主要有中国农业博物馆、西北农林科技大学博览园、山东寿光蔬菜博物馆、湖南怀化水稻博物馆、北京大兴庞各庄西瓜博物馆、北京延庆希森马铃薯博物馆等。

六、会展农业发展与运行

（一）会展农业发展条件

会展农业的发展，离不开基本的条件支撑。从北京及国内会展农业的实践看，会展农业的发展一般都是依托地区具有优越自然禀赋条件的特色农业产业，具备一定的经济社会条件、科技优势以及举办农业会展活动的条件。

1. 特色农业产业基础

特色农业产业是一定区域内依托当地独特的地理、气候、资源、产业基础和条件形成的、具有明显比较优势和区域差异的农业产业。发挥比较优势是经济学的一般原理，也是区域经济发展、产业布局调整的重要依据。地区特色农业产业是会展农业发展的基础条件。会展农业在地区特色农业产业的基础上，运用新的发展理念、科技手段、现代经营方式改造特色农业，提升特色农业产业标准和产品品质，打造农产品区域品牌，形成规模和优势，参与国内外市场竞争。北京昌平的草莓、平谷的大桃、大兴的西瓜，上海马陆的葡萄、南汇的水蜜桃、金山的蟠桃等都是当地最具特色或具有特色产品生产条件的农产品。优越的自然禀赋是生产优质农产品的前提。例如，北京昌平区位于北纬40°，这一纬度是国际公认的草莓最佳生产带，为草莓产业发展提供了基础条件。因此，深入地研究地区的农业比较优势，科学地把握比较优势，顺应天时地利，顺应市场规律，把优势充分发挥出来，借助农业会展活动，把特色产业做大做强。

2. 经济社会条件

一个地区的经济社会条件影响着会展农业的发展。这些条件包括有强大的资金保障、政府的政策和措施支持、城市和工业的发展需要、市场的需求。会展农业是依靠科技创新发展起来的现代农业，需要必要的设施投入，其发展离不开政府的引导和政策的扶持。为了确保区域内会展农业的发展，政府部门应制定会展农业发展规划，明确产业的发展思路和发展目标；加大投入，进行必要的水电路基础设施配套工程建设；制定会展农业发展补贴政策，鼓励农民和社会各界投入会展农业经营；建设农资配送体系，从源头上保证会展农业产品的质量和安全；打造会展农业产业种苗繁育基地，为会展农业产业提供优质种苗；构建科技研发、示范、服务体系，为会展农业产业发展提供科技支撑。此外，巨大的市场需求是会展农业发展的必要条件。随着我国经济社会的发展，城乡居民消费结构持续升级，对农产品的营养功能、保健功能和优质、独特等个性化、多样化需求快速增加，丰富多样的特色农产品越来越受到消费者青睐。同时，城乡居民收入不断增长，对特色、优质农产品的价格承受能力明显提高，特色农产品市场呈现出购销两旺的态势。

3. 科技优势

会展农业作为现代农业的实现形式之一，其发展的重要条件之一就是高科技支撑。会展农业融一二三产业于一体，经济、生态、生活功能于一身，需要生产和生态技术相结合，娱乐休闲和生产技术相结合，强调绿色有机，这都离不开科技支撑，科技优势是会展农业发展的重要条件之一。会展农业无时无刻不在彰显科技的力量，无论是新奇特品种，还是高科技的种植栽培手段，以及物联网配送、二维码食品追溯等都离不开科技支撑。

4. 农业会展举办和运作条件

会展农业的一个重要组成部分就是要举办农业会展活动。农业会展活动的举办离不开市场、产地这些重要的因素，但它们不是农业会展活动成功举办的必要条件。成功举办农业会展的必要条件是经济政策环境、管理水平、人才、场馆及其他基础设施等。会展农业之所以能够发展起来，除具备上述条件之外，良好的农业会展活动举办条件也是一个重要方面。就举办国际农业会议而言，不同类型的国际会议有不同的申办条件要求，以第七届世界草莓大会为例，申请举办应该具备的条件有：申请人是国际组织会员，在该领域内拥有一定的学术地位和种植规模；有举办会议的经费保障；申办人有能力承诺国际组织按照惯例提出的要求并签订相关协议；要有当地政府的大力支持；有专业的组织机构及会议承办机构；有符合召开国际会议的会场条件及具备相关设施、设备等。当然，举办国际科技会议最主要的条件是具备该领域知名度和学科优势。此外，运作一个国际会议需要完成一系列的程序。还以第七届世界草莓大会为例，其运作经历了如下的程序：成立会议组织结构，包括组织委员会、学术委员会、专业会议承办单位等；办理会议报批手续；撰写会议预算及会议策划方案，并根据国际组织的要求安排工作倒推时间表；撰写各轮会议通知，建立会议网站和会议数据库；设立日常工作机构，开展相关工作。国际会议运作过程中，具备懂外语、了解外事政策、有能力、有经验的工作队伍和配套的财务人员非常重要。

（二）会展农业发展原则

会展农业发展应坚持打造一批特色鲜明、优势聚集、产业融合、历史文化厚重、市场竞争力强的特色农产品优势区，促进优势特色农业产业做大做强，建立使农民能够合理分享二三产业收益的长效机制，提高特色农产品的供给质量和市场竞争力，推动农业供给侧结构性改革，辐射带动农民持续增收。会展农业的发展原则是：

1. 坚持品质优先、绿色发展

严把农产品质量安全关，以质立足、以质创优，打造优质安全的会展农业产业。坚持资源节约，依托青山绿水发展绿色农产品，加强资源环境保护，推动形成保护与开发并重、生产与生态协调发展的绿色发展方式。

2. 坚持市场导向、有序发展

瞄准市场消费需求，以市场带动发展，以农业会展促进发展，不断提升特色农业产业的竞争力。合理规划会展农业区域布局和产业规模，推进会展农业产品结构、品种结构、经营结构的调整优化，保障会展农业产业健康持续发展。

3. 坚持三产融合、农民增收

推进会展农业农产品生产“接二连三”，延长产业链，培育壮大新产业、新业态，与现代农业产业园、农业科技园区、农村产业融合发展示范园、特色村镇等建设有机结合，实现一二三产业深度融合和全链条增值。完善利益联结机制，让农民更多分享产业链增值收益。

4. 坚持标准引领、科技支撑

因地制宜、因品施策建立生产标准和产品评价标准，对会展农业农产品生产、加工、仓储、流通等环节进行标准化管理，提高专业化发展水平。强化技术研发和推广体系，深化产学研融合，将特有品种、技术与工艺作为核心竞争力，提升会展农业农产品的科技含量。

5. 坚持品牌号召、主体作为

培育区域公用品牌，完善品牌维护与保障机制，提升会展农业品牌的市场知名度、美誉度，引导会展农业农产品品牌化发展，发挥新型农业经营主体的核心作用，促进集群化发展，鼓励合作互惠和良性竞争。

（三）会展农业发展模式

20世纪以来，各地在会展农业发展过程中，根据本地实际，结合区域农业经济的发展，进行了大量探索，找出许多适合自身区域的会展农业发展的途径和模式。从理论分析和实践经验总结的角度出发，对各地在会展农业发展中产生的各种模式进行归纳和总结，能够为进一步推动各地会展农业发展提供重要的现实指导。会展农业的发展模式，从不同的角度归纳可分为不同的类型。

1. 从会展农业发展的主导作用角度看

会展农业主要存在两种类型的发展模式：政府主导型和市场运作型。

（1）政府主导型模式。这种模式主要是由各级政府部门主办的大型农业会展带动而发展起来的与之相应的农业产业形式。这种模式，政府以其不可替代的资源优势在会展活动及其产业发展的舞台上扮演着举足轻重的角色。具体来说，政府的资源优势体现在以下方面：一是政府的无形资源：公信力与号召力。政府所天然具有的公信力和号召力往往成为会展及其产业发展成功的重要保证。特别是在某地域的会展农业发展初期，如果政府不牵头主办，会展的影响力和号召力难以保证；二是政府的权力性及行政性资源。政府能够通过强有力的行政手段，有效地组织实施会展农业。以北京第七届世界草莓大会为例，政府所特有的权力性及行政性资源优势在这类展会中体现得十分明显；三是政府的硬件投资。会展农业发展依托于一系列重要的城市基础设施以及会展场馆。基础设施及展馆的公共产品特征意味着政府通常是主要的投资者及所有者。

（2）市场运作型模式。这种模式主要是由行业、企业举办，专业会展机构具体承办某类农业会展，进而带动地区农业发展的模式。行业协会、企业凭借对潜在目标市场的准确把握以及对产业的熟悉而在专业性农业展会中凸显优势。行业协会主办的专业性展会重视邀请专业观众，特别是参展企业要寻找的潜在对口客户，能比较有效地通过会展平台实现市场与企业的对接。同时，优质参展客户资源也是行业协会的主要市场资源优势。由于农业的基础性和特殊性地位，在行业、企业举办的专业农业会展具有一定影响后，政府通过政策、资金支持，带动展会周边的农业发展，形成集展览、展示、休闲观光、教育、加工等功能于一体的会展农业产业区。目前，这种市场运作模式在我国会展农业发展过程中总体上占比不大，且在发展过程中逐渐演变为行业、企业和政府共同运作。例如，起步于北京（丰台）种子交易会的丰台种业。北京（丰台）种子交易会由丰台区种子公司创办于 1992 年，是我国种业从计划经济向市场经济过渡重要节点上的一个创举，为我国种子企业的市场化之路搭建了一个巨大的舞台。经过多年的发展，北京（丰台）种子交易会一直以来是我国“四大种子交易会”之一（另三个分别为武汉、广州和哈尔滨）。2009 年，丰台种子交易会升格为北京种子大会，在北京市农委、市农业局、市种子管理站和丰台区人民政府的直接领导和支持下，北京种子大会以高起点、严要求，按照世界种子大会的模式同时不失原有特点的基础上成功举办了 2014 年世界种子大会，为中国种业及世界种业作出了贡献。目前，北京种子大会已经连续成功举办了二十七届国内规模最大、规格最高、影响力最广的种业展会，成为北京打造全球种业交易、交流、创新、服务中心的重要载体。

2. 从会展农业的驱动形式看

会展农业大致可以分为专业性学术会议带动发展型模式、展会主导型发展模式和节庆驱动型发展模式。

（1）专业性学术会议带动发展型模式。专业性学术会议带动发展模式是在申办国际、国内组织主办的相关学术会议举办权的基础上，借助国际、国内学术会议的影响力，展示地区特色优质产业优势，打响特色优质农业品牌，推动特色优质农业走向世界，打造有国内外影响的优势特色农业产业，促进经济发展。这一模式的主要特点：一是申办专业性学术组织相关学术会议举办地具有特色优质农业产业发展基础，借助国际、国内专业性学术会议提升地区特色产业影响力；二是将学术会议和综合博览活动有机结合，在学术研讨交流的基础上，进行新成果展示、产业投资洽谈等活动，丰富大会内容；三是在国际、国内专业性学术会举办之后，每年举办国内专家学者和行业人士参加的产业大会，持续发挥会展活动对产业的带动作用。其典型代表主要有北京昌平草莓、通州食用菌、延庆葡萄、广西田东芒果及云南临沧澳洲坚果等产业。上述产业发展与对应的国家级会议见表3。

表3　部分世界级学术会议带动产业一览

序号	展会名称	带动产业	举办时间	地点
1	第五届世界马铃薯大会	云南马铃薯	2010年	云南昆明
2	第四届国际板栗学术会	密云板栗	2012年	北京密云
3	第七届世界草莓大会	昌平草莓	2012年	北京昌平
4	第十八届国际食用菌大会	通州食用菌	2012年	北京通州
5	第五届国际柿学术研讨会分会	恭城月柿	2012年	恭城瑶族自治县
6	第十一届世界葡萄大会	延庆、怀来葡萄及葡萄酒	2014年	北京延庆
7	第九届世界马铃薯大会	延庆马铃薯	2015年	北京延庆
8	2016年世界月季洲际大会	大兴花卉	2016年	北京大兴
9	第十二届世界芒果大会	百色芒果	2017年	百色田东
10	第八届国际澳洲坚果大会	云南澳洲坚果	2018年	云南临沧
11	第七届国际园艺学会世界无花果大会	无花果	2023年	四川威远

资料来源：根据相关资料整理。

（2）展会主导型发展模式。展会主导型发展模式是通过农业展览会、农业博览会、农业展销会、农业交易会或农业洽谈会等多种展会形式，促进商务洽谈，带动商品交易，示范最新技术，展现农业风采，进而促进地区农业产业和经济发展。这一模式的主要特点：一是展会举办地具有良好的产业发展基础；二是一年一届的展会已经形成了品牌，举办时间和地点相对比较固定，对地区农业产业产生持续的推动作用；三是展会带动了农业观光的发展。这一模式的会展农业在各地都有实践，比较有代表性的有陕西杨凌的农业高新技术产业、山东寿光的蔬菜产业及北京的种业。截至 2019 年，连续举办了 26 届的中国杨凌农业高新科技成果博览会，针对周边地区农业产业特点，合作建设一批现代农业科技示范园、现代农业产业示范基地、现代农业创业实训基地和以大学为依托的示范推广基地，推动形成一批产业链，带动周边地区现代农业发展；已经举办了 24 届的中国（寿光）国际蔬菜科技博览会，每一届的各种创新产品在寿光迅速推广，推动了寿光蔬菜产业的发展；举办了 27 届的北京种子大会，是北京市建设国家现代种业创新试验示范区、打造“种业之都”、开展现代种业交易、交流、展示活动的重要载体。

（3）节庆驱动型发展模式。节庆驱动型发展模式是指依托当地的主导产业，将农耕文化、民俗风情融入传统节日或主题庆典中而开发的节庆活动，通过农业节庆活动提升地区知名度，推动地区特色产业发展。这一模式的特点：一是依托当地独特的资源和文化开发具有独特性的节庆活动；二是农业节庆活动主题鲜明；三是通过创造有价值的体验，进行产品和服务的差异化，满足顾客的需求，获得更高的顾客满意度；四是营造良好人文环境、提升农业节庆目的地形象。农业节庆活动驱动农业产业发展的做法在国外也有比较长的发展历史。例如，荷兰各地在郁金香花开的季节都会举办郁金香花节，节日期间活动丰富多彩，最著名的就是花车巡游。义工们用鲜花做成各式花车，浩浩荡荡地在街道巡游，当地居民和国内外游客夹道驻足观看，也有花农将自家车用鲜花装饰后加入游行队伍。荷兰郁金香花节至今已举办了 60 多届。再如，法国的普罗旺斯地区，每到薰衣草盛开的季节，各个小镇都会举办规模不一的薰衣草节，其中最著名的就是蒙特利马薰衣草节。美国得克萨斯州帕萨迪纳市一年一度的草莓节开幕式上都会推出一款“得州码”的巨型酥饼，其中 2005 年推出的面积达 177 平方米的草莓酥饼创下了吉尼斯世界纪录。目前，农业节庆驱动发展模式由于其本身具有丰富的产业功能，在我国得到普遍发展，在带动农民增收，促进地区经济发展起到了重要的作用。仅以湖北随州为例，随州是湖北最小的地级市，版图面积为 9 636 平方千米，人口只有 258 万，下辖一市一区一县。随州自然和作物资源丰富，不仅盛产蘑菇，而且是世界三大兰花产地之一，油桃、猕猴桃、葡萄等水果也很适合在当地生长。为了打造品牌，随州在 2007—2008 年推出兰花节、桃花节和香菇节。随着一年一度的农业节庆的成功举办，随州的兰花、香菇、油桃已经闻名全国，随州成功树立了“中国兰花之乡”“中国食用菌之乡”“中国油桃之乡”三块金字招牌。

3. 从会展农业发展过程的不同阶段看

会展农业又可以分为初级发展模式、中级发展模式、高级发展模式。

（1）会展农业的初级发展模式。会展农业的初级发展模式一般指的是通过举办大型农业会议、农业展览会、农业嘉年华等农业会展活动，以农业产品和技术的展示与交易为主要目的，以会展、农业、商贸、旅游等产业的有机结合为主要途径，最终达到提高举办地农业地位和形象的一种农业发展模式。会展农业初级发展模式具有如下特点：一是以举办大型农业会展活动为主要形式；二是以提高举办地农业地位和形象为目的；三是以建立展示中心、推介平台、农业观光园为主要实现路径。

（2）会展农业的中级发展模式。会展农业的中级发展模式是在整合会展中心、农业会展活动、农产品交易市场、商贸资源基础上，以常年精品展示、订单交易为前导，形成会展、农业、商贸、旅游等产业在地理上的集聚效应，最终形成会展农业综合体。

（3）会展农业的高级发展模式。会展农业的高级发展模式就是借助农业产业优势、靠近都市消费市场的地缘优势以及农业会展中心的信息优势，建设影响全国、辐射世界的现代农产品和技术的交易中心、信息中心和标准中心，进而掌控农产品和技术标准制定的权力和能力，进一步实现会展、农业、商贸、旅游、传媒、文化等更多产业融合为一体的综合功能。

（四）会展农业发展运行机制

会展农业的发展运行机制是会展农业系统内在要素或系统环节之间的联系和实现方式。会展农业涉及多领域、多个环节，要使之形成合力，充满活力，良好的发展运行机制是会展农业健康发展的重要保证。

1. 会展农业发展机制

机制是在正视事物各个部分的存在的前提下，协调各个部分之间关系以更好地发挥作用的具体运行方式。通过对国内现阶段会展农业发展情况的总结和分析，会展农业是在“政府主导，农业牵头，部门联动，企业管理，社会参与，市场运作，整体推进”的机制下发展起来的。

（1）政府主导。尽管我国特色农业产业已经取得了长足发展，特色产业布局已基本形成，但是形成大而强、特而强的特色优势区域并不多，已有特色优质区雏形的产业聚集区还存在以下不足或挑战。一是发展规模受限。与大宗农产品相比，特色农产品目标市场区域相对集中，产业发展规模难以做大。二是科技支撑能力不足。大部分高校及科研院所的研发重心在于大宗农产品，对特色农产品生产、加工、流通领域科技支撑不够，企业研发能力普遍不强。三是产业链条较短。加工业普遍以中小企业、家庭作坊为主，产品以初加工为主，精深加工、高附加值产品少。四是品牌建设和管理滞后。一些地方对品牌认识不到位，区域品牌和企业品牌资源缺乏有效整合，普遍缺少对公用品牌的有效保护，滥用品牌、假冒产品的现象尤其突出，品牌作用未充分发挥。五是基础设施和配套产业发展滞后。很多特色农产品产区分布在丘陵、山区、高原等欠发达地区，农业基础设施保障程度不高，交通运输不便，鲜活产品外销困难，当地机械制造、产品包装、专用化肥农药、加工、仓储物流等配套产业发展难以满足特色农业产业发展的需求。因而，在会展农业发展中，政府的支持和推动是极为重要的。实践证明，政府根据本地区的资源禀赋、现实条件，以及国民经济与社会发展目标，针对当地特色农业产业发展的要求，推动会展农业的发展，不仅带动了当地特色农业和旅游业的发展，而且还推动了当地经济社会的全面发展。因此，在会展农业的发展过程中，政府要担当主导推动的角色，在财政、金融、税收和价格等政策上予以扶持和优惠，建立健全会展农业补贴制度、保险制度、利益补偿制度等，促进其蓬勃发展。

（2）农业牵头。发展会展农业，应是农业农村部门的分内职责，应在政府的领导和支持下由农业农村部门牵头组织。农业农村部门要根据本地区的特色农业发展情况与农业产业的区域布局，积极借助会展的聚集效应，发展会展农业，带动农业产业升级和与农业旅游的融合，提高农业的经济效益，带动农村发展和农民增收致富。

（3）部门联动。会展农业的发展常常涉及农业、科技、旅游、道路、交通、安保等部门，因此发展会展农业就需要这些部门的鼎力支持和协调配合。只有各部门的工作相互促进、形成合力，才能给会展农业的发展创造条件，才能促进会展农业的大发展。

（4）企业管理。会展农业作为一种类型的农业产业，其生存与发展也取决于有没有应有的经济效益。因此，发展会展农业应进行企业化管理，特别是要采取企业效益核算的方式进行成本效益分析，从而使会展农业更具生命力，实现持续健康发展的目标。

（5）社会参与。会展农业的发展需要社会各界的广泛参与，特别是社会各方的多元化投入，以解决会展农业的要素突出问题。政府应制定相应的政策，鼓励和吸引社会各界投身会展农业，引导社会力量为会展农业的建设和发展添砖加瓦。

（6）市场运作。在社会主义市场经济条件下，经济运行符合市场规律，其就有活力，否则不可能持续发展。因此会展农业的发展要引入市场机制，利用这只“看不见的手”有效配置资源，并按照市场化运作的方式行事，使会展农业的发展充满活力。

（7）整体推进。会展农业的建设和发展是一项复杂的系统工程，其需要各个环节要素的协调配合和各个部门工作的整体推进。因此，会展农业的发展需要强调全局意识和整体观念，避免各行其是式的内耗，使会展农业的整体效益最佳。会展农业突破的前提是部门联动，通过会展农业的创意整合各个部门如林业、发改、水利、财政、土地、规划等部门资源，在产业发展、会务组织、展会活动、工程建设、城市运行、环境改善等各个方面凝聚成强大的合力，解决掣肘的问题。资金、技术等主要用于发展某一地区的某一特色产业的会展方面。

2. 会展农业运行机制

运行机制是引导和制约决策并与人、财、物相关的各项活动的基本准则及相应制度，是决定行为的内外因素及相互关系的总称。要保证会展农业功能目标的实现，必须建立一套协调、灵活、高效的运行机制。

（1）多元投资机制。多元投资机制是会展农业有效运行的重要前提。多元投资机制是运用市场经济规律所建立的融资机制，这种机制一般具有多元化的特点。建立起多元投资的机制，需要做到以下几个方面。一是政府要进行投资启动，根据实际进行启动和导向资金的投入；二是采取多种形式，要利用自身优势吸纳各界投资者，优化投资环境，设置优惠规范，以多种多样的形式来吸引社会投资，必要时应积极进行股票债券发行的引导；三是还要注意根据国家的金融政策，努力争取贷款与援助，并尝试建立起风险投资机制，提高投资管理的有效性与先进性。

（2）土地流转机制。建立起灵活的土地流转机制已经成为会展农业运行的必要条件。土地流转机制主要分为以下几种形式，一是区划性调整，即以田换田。这种形式是通过思想工作而进行调整的，通过区划法的有利调整再进行一定规模的开发实施；二是租赁制，也就是农民出租土地给经营者的形式，一般情况下，租地的价格与地块的价值呈正相关；三是返租倒包制。通过会展农业功能区的分割，进行再转包；四是划拨制，即政府的再次划拨。通过土地的划拨进行综合开发；五是股份制，也就是农民以地入股，在一定比例下享受年终的分红；六是竞标买断，与划拨制相似，都是由政府进行调配，不同的是竞标买断主要是针对荒滩土地的开发。

（3）高效管理机制。会展农业的持续运行，离不开高效管理机制的保障。高效管理机制的建立，一是在会展农业模式选择阶段，要注意模式的差异性，根据实际情况进行不同管理模式的针对性选择；二是会展农业要配备起相应的层次决策、责任约束、人才管理、反馈调控等一系列机制。

七、会展农业产业链及其支撑体系

（一）会展农业产业链

产业链是现代产业经济学中的一个概念，它是指在一个特定的经济领域中各个产业部门之间基于一定的技术经济关联，并依据特定的逻辑关系和时空分布关系客观形成的链条式关联关系形态。产业链是一个包含价值链、企业链、供需链和空间链四个维度的概念。这四个维度在相互对接的均衡过程中形成了产业链，这种“对接机制”是产业链形成的内模式，作为一种客观规律，它像一只“无形之手”调控着产业链的形成。产业链分为接通产业链和延伸产业链。接通产业链是指将一定地域空间范围内的断续的产业部门（通常是产业链的断环和孤环形式）借助某种产业合作形式串联起来；延伸产业链则是将一条既已存在的产业链尽可能地向上下游拓展延伸。产业链向上游延伸一般使得产业链进入到基础产业环节和技术研发环节，向下游拓展则进入到市场拓展环节。产业链的实质就是不同产业的企业之间的关联，而这种产业关联的实质则是各产业中的企业之间的供给与需求的关系。

1. 会展农业产业链的内涵

会展农业是会展业与农业相互融汇、相互贯穿形成的一种现代农业实现形式，是农业通过外延产业链，实现农业与会展产业的互动发展。根据产业链的概念和会展农业的特征，会展农业产业链是会展产业链与农业产业链在会展活动中互促共赢、流动渗入、相互浸透衍生出来的新概念，是以打造某一地区农业品牌形象作为活动的出发点，通过借助场馆等基础建设，以举办地的特色农业产业基础作为依托，以人才流、信息流、服务流、产品流、资金流等多方交织融汇的价值链为重心，把会展业的主体方（包括搭建商、组展商、参展商、代理商等）和涉及方（餐饮、旅游、交通、广告等行业）联合起来所形成的一种产业关系，最终目的是促进农产品贸易、带动农业产业升级、优化产业结构布局、提升农民收入。因此，会展农业产业链的两个构成部分，即：农业会展产业链和农业产业链。两者围绕服务对象互通有无，形成了既服务于参展者又服务于农业生产经营者的会展农业产业链。

2. 会展农业产业链的构成

会展农业产业链由农业会展产业链和农业产业链渗透连接而成。根据农业会展产业链上各自功能属性，可将其分成上游、中游和下游三个部分。农业会展产业链的上游拥有关键资源和技术，是产业的核心竞争力所在，制约着中下游的市场供给与需求，一般是具有独立开发能力和运作能力的农业会展活动的组织者或主办单位、承办单位，其主要职责：一是农业会展创意、策划及市场调查；二是农业会展可行性研究，确定农业会展活动范围、名称、主题、参与者界定及合作单位的筛选等。农业会展产业链的中游环节是为农业会展活动提供场馆、设施及服务的企业组织，其任务就是按照主办方的要求将活动方案落到实处，具体执行农业会展设计要求，是影响整个农业会展活动效果的关键环节。农业会展产业链的下游是实施农业会展项目的支撑行业，连接农业会展相关产业和市场，以市场交易的方式实现农业会展产业链整体价值，包括旅游业、物流业、餐饮、住宿、零售、邮电通讯和金融保险等。农业会展产业链后向关联表现在对第三产业的协同推拉作用上，前向关联表现在对地方特色农业产品生产与营销的推动上。

综合众多学者对农业产业链的观点，农业产业链是从农业资源到农业最终消费品的众多环节以及各环节间关系的总和。从实体构成上看，是一系列农业相关联产业环节连接而成的链条，包含基本链条及辅助链条。基本链条由农产品生产、农产品加工、储存、运输、销售等环节串联而成。辅助链条则涵括了农业科技的开发及推广链、农业资金的筹集及使用链等与基本产业环节相关联的一系列辅助服务活动；从各实体环节的关系上看，主要是指农业关联产业各环节为分配使用所投入资源而形成的组织结构以及各环节资源投入者之间价值的创造与分享，以及风险分配的契约与制度安排。

会展农业产业链通过农业会展产业链的前向关联效应与现代农业产业链相关联。会展农业产业链包括农业会展项目开发、策划与营销，会展场馆的提供、运作与实施，会展过程相关服务，特色农产品生产、采购、物流、加工到成品销售环节（图 1）。

会展农业产业链的核心环节是农业会展项目的开发和农业会展组织。会展农业产业链基础部分主要包括农业展示基地、农业会展和农业生产基地三个主要环节。

农业展示基地（园区）作为会展农业的重要展示窗口，是会展农业产业的微缩“景观”，是会展农业产业链的重要环节，其一端连着相应的农业会展并为其服务，另一端连着农业生产，引领相应的农业生产基地发展生产，促进产业发展和农民致富。如丰台庄户籽种展示基地、昌平兴寿草莓博览园、顺义杨镇鲜花港等，就是典型的会展农业展示基地。

农业会展是会展农业的龙头，虽然其在“时间轴”上表现出短暂和不连续的特点，但由于其具有极强的聚集效应而作用非常突出，会展农业产业往往因需要其所提供的信息产生和发展。如第七届世界草莓大会在北京昌平的成功举办，形成了昌平及其周边的海淀、怀柔，以至河北赤城等地为昌平世界草莓大会服务的草莓产业，其所展示的品种、技术和装备必将对这一地区以至我国的草莓产业产生深远影响。

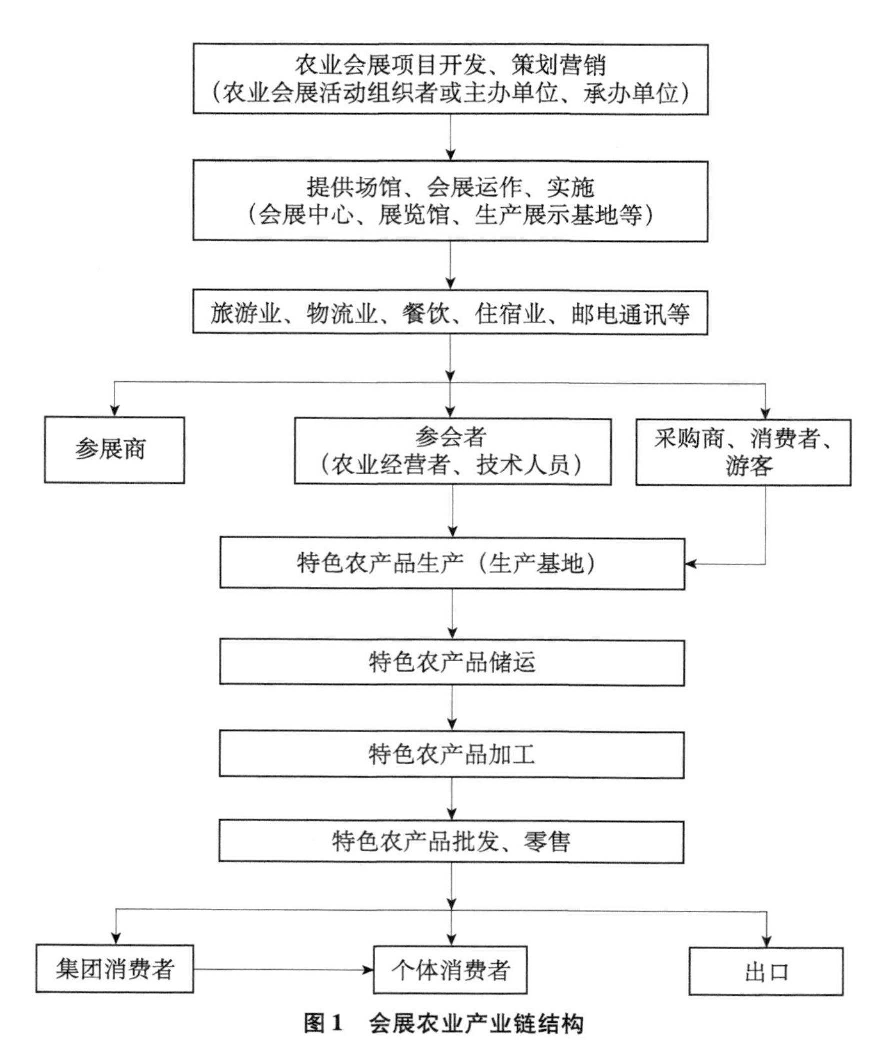

图1　会展农业产业链结构

农业生产基地为会展农业提供展示交易的产品，又是会展农业集聚信息、技术、品种等的吸纳地，也是农业展示基地的推广“大田”。农业生产基地往往涉及农民专业合作社和农户，因此其为会展农业惠及农业、农村和农民的有效载体和途径。如在北京昌平召开的第七届世界草莓大会，其以小汤山九华山庄国际会展中心为主会场，以位于兴寿镇香屯村的草莓博览园为展示基地，带动周边兴寿、崔村、小汤山等镇的日光温室草莓种植基地建设，仅第七届世界草莓大会举办的5天时间里，昌平各草莓生产基地共接待采摘游客20万人次，共采摘草莓36万千克，实现产值3 600万元。

3. 会展农业产业链的特征

一是协同发挥作用。会展农业产业链协同发挥作用主要体现在：在会展举办地，在会展活动举办期间，大量的技术流、产品流、资金流等齐聚于举办地，为举办地农业展示基地、酒店餐厅、服装广告、商业物流、接待服务等各行各业输送了数倍于平时的客源，在一定程度上推动了这些行业的繁荣；在运营企业，产业链内的企业与产业链上链下的企业通过投资、协同、合作等一系列举措，将自身产品有效渗入消费者的价值链运行中，增加产品的竞争力。此外，产业链上任意某个节点的行为都会对链条上其余企业产生影响。所以，会展农业产业链中的企业成员之间要建立互惠共赢的友好关系。二是以消费者为中心。通常的产业链从生产到消费都循着产业链单向流动，消费者处于产业链的末端位置，这也就导致他们无法享有主动接受产品的权利，在平常的产业链中并不顾及和考虑消费者的内心感受，消费者只是在产业链中扮演着必要的组成角色。反观会展农业，其服务对象直指参展商、参会者、消费者及游客，为其提供最优质产品和服务，在会展农业产业链上，各节点的企业均是以参展商、参会者、消费者及游客作为核心关注目标，力求在最大限度上满足他们共性化需求乃至差异化需求。所以，会展农业产业链的中心就是参展商、参会者、消费者及游客。三是集聚性的地理分布，会展和特色农产品生产活动的范围通常都是在举办地区域内，因此在地理分布上具有集聚性。

（二）会展农业支撑体系

现代产业经济学认为，决定和影响产业发展的有政治、经济、文化、历史等方面的因素。在经济方面，主要的影响因素有资源供给因素（包括自然资源、生产技术、人力资源以及资金供给等）、需求因素（投资需求和消费需求）、对外贸易因素、制度性因素（包括产业组织、政策与发展战略）等，这些因素相互交织，综合地影响和决定着产业发展的性质、阶段和水平。会展农业支撑体系的基本结构是由会展农业产业发展规律决定的。影响会展农业发展的基本因素有科技、人力资本、资金、市场、组织以及政策六大因素。世界各国政府都把农业支撑体系建设纳入公共产品生产范围，以政府的力量为主导建立起农业现代化支撑体系。基于会展农业支撑体系的宏观性和公共产品性，会展农业支撑体系的建立必须坚持政府的主导性。

1. 政策支撑体系

政策支撑体系的作用是为会展农业发展创造良好的经济环境，促使社会资源在会展农业各环节之间进行合理的配置，并引导资源向会展农业倾斜。完善的政策支撑体系有利于促进会展农业发挥其新技术、新农艺、新产品的生产示范和辐射推广功能；有利于推进农业和农村经济结构的战略调整，促进农业增长方式的转变。会展农业政策体系基本组成要素包含财政政策、人才政策、金融政策、土地政策以及规划政策等。

（1）财政政策。财政政策是国家干预经济，实现宏观经济目标的工具，是推动会展农业发展的物质基础和基本保障，是政府支持会展农业发展的手段和措施，包括财政投资政策和税收政策。财政投资方式分为两种类型，一种是无偿的、直接的投资，另一种是有偿的投资。对会展农业而言，财政投资方式主要有直接投资、投资补助和贷款贴息。直接投资领域主要是基础设施类投资。税收优惠是为了减轻农业园区纳税负担而给予园区的各种优惠措施，主要有减税、免税和退税等方式，主要是为从事技术活动的机构或个人实施税后减免优惠。补贴主要支持科技创新机构、生产示范和辐射推广机构、高新技术企业的研究与发展活动。

（2）人才政策。人才政策是发挥人的才能与作用相关的一系列政策与法规，是政府为发挥人才的作用，对人才的培养、开发、利用等活动做出的规定和采取的措施与行动，人才政策内容涉及人才培养、选拔、使用、考核等方面。人才政策是各级政府培养人才、吸引人才、发挥人才作用的杠杆，是配置人才、优化人才结构、提高人才素质的重要手段。

（3）金融政策。金融政策主要包括货币政策、利率政策和汇率政策。其中，对会展农业产生影响较大的是利率政策，其主要作用是进行政策导向、扶持产业发展、开发会展农业基础建设、农业政策性保险等。

（4）土地政策。土地政策是国家根据一定时期内的政治和经济任务，在土地资源开发、利用、治理、保护和管理方面规定的行动准则。我国已经实现了土地所有权、承包权、经营权“三权分置”，并引导土地经营权有序流转。土地政策主要涉及会展农业园区的生产用地和非农业用地政策。

（5）规划政策。政府部门应树立品牌思维，发展重点项目，根据区域优势和产品分布情况，对地区会展农业发展进行整体规划，统筹地区会展农业发展，打造主题明确、功能完善的会展农业展示基地、会展农业园区，合理布局会展农业展览中心、交流中心、教育基地、加工厂房、配送中心等设施，为会展农业活动的举办提供场地支持，有效促进城乡联动发展。此外，建立部门联动机制，沟通农业、城建、国土、商贸、市政、公安、旅游、教育、科研等多个部门，协调处理各部门职责，完善会展农业基础设施，共同推进会展农业的发展。

2. 科技服务支撑体系

会展农业的科技服务支撑主要由农业科技服务支撑、农业信息服务支撑和技术驱动的会展服务支撑系统共同构成。

（1）农业科技服务支撑。把新品种培育和技术创新作为提升会展农业农产品市场竞争力的战略措施，加大会展农业农产品品种资源保护等基础工作，加强新品种培育和提纯复壮，完善良种繁育体系和科技支撑体系。具体要做好以下三方面支撑：一是新品种培育与良种繁育。加强农产品品种资源基因原生地保护，加大野生资源的驯化和品种创新工作力度。持续培育农产品新品种，进行品种提纯、复壮，保持和改良特色农产品的优良品质特性。根据特色农产品良种需求，建设和布局良种繁育基地，发展多种形式的良种生产供应体系，大幅度提高良种覆盖率。二是生产与加工技术创新。依靠企业、高校及科研院所、新型经营主体等，重点解决种养技术、专用农资、专用机械、病虫害防治、疫病防控、储藏保鲜等关键问题。支持果品、蔬菜、茶叶、菌类、道地药材、水产品等营养功能成分提取技术研究，开发营养均衡、养生保健的加工食品。开展精深加工技术和信息化、智能化、工程化装备研发，提高关键装备国产化水平。三是生产技术培训与推广。充分发挥农业技术推广体系优势，采取田间指导和集中授课的方式，对农户加强生产指导，通过网络、手机 App 等方式强化与农户的沟通反馈，及时对新技术、新品种生产效果进行收集，有计划、分层次地向农户传授新技术、新技能。加强科技示范，培育示范农户、树立示范基地，通过鲜活的例子带动农户掌握和推广运用新技术，提高生产效率和产品品质。

（2）农业信息服务支撑。农业信息服务支撑一是要建立延伸到大多数乡镇、农业产业化龙头企业、农产品批发市场、中介组织、经营大户的农业信息服务体系。强化农业信息网络的服务功能，以市场信息服务体系为基础，构建农产品质量预警体系和农业市场风险分析体系。二是重视农业信息服务的智能化和本土化开发，有效提升本地农业信息平台建设能力和农业信息化服务水平。

（3）技术驱动的农业会展服务创新体系。技术驱动的农业会展服务创新体系的体系架构包括：服务理念创新、服务手段创新、服务内容创新和服务反馈创新。服务理念的创新，就是在信息化背景下，农业会展的服务理念应从传统的企业导向转变为顾客导向，即以顾客为核心，关注顾客体验，通过挖掘和分析顾客需求来实现服务优化与创新，将顾客作为服务的创造来源，而不是置顾客于被动接受者的地位。服务手段创新，就是依托物联网技术、人工智能技术等，并通过各种智能终端设备如智能手机，提供贴身的智能化的农业会展活动服务。服务内容创新指的是在技术的支持下，农业会展服务内容将越来越多样化和定制化，如虚拟现实互动、智能导航助手、远程全息投影观展等。服务反馈创新，即顾客可以通过信息化平台随时对农业展会进行点评和分享，建立起即时的、真实有效的农业展会服务反馈机制，帮助农业展会主办单位和相关农业会展企业精确掌握顾客的反馈信息。技术型驱动的农业会展服务创新致力于使农业会展服务智慧化，而农业会展服务智慧化的根本目的是打造智慧农业会展。智慧农业会展是以先进的信息化技术及多样性的网络组合为基础，在农业会展全过程中拥有灵活的人与物之间的相互感知能力，对信息具有安全、高效的处理和整合能力，并能科学地进行监测、分析、预测、预警和决策，为农业会展活动主体提供专业化、个性化的服务。智慧农业会展依托现代信息技术，通过感知化、智能化的方式，将农业会展过程中的各类基础设施连接起来，帮助不同部门和不同系统之间实现信息共享和协同作业，以便会展企业更合理地利用信息资源，做出最优的会展管理决策。同时，智慧农业会展将搭建新型的信息化服务平台，将各类线下信息服务延伸到线上平台，并主动感知分析各类行为数据，将数据转化为有效的决策信息，智能地服务于相关主体，实现信息的精准应用和多方的有效互动，从而降低农业会展的运营成本、提升农业用户的参展体验、提高农业会展的服务质量，进一步推动农业会展的健康可持续发展。

3. 设施支撑体系

会展农业是一个系统工程，相对比较完善的公共基础设施及专业设施、酒店服务设施等是会展农业发展的必要条件。会展农业的设施支撑体系包括：

（1）完善、配套的基础设施。发展会展农业首先要有比较完善、配套的基础设施，包括交通、邮电、供水供电、商业服务、园林绿化等公用工程设施和公共生活服务设施。它们是会展农业发展的基础。在现代社会中，经济越发展，对基础设施的要求越高；完善的基础设施对加速社会经济活动，促进其空间分布形态演变起着巨大的推动作用。

（2）会展场馆。政府部门、行业组织应对地区会展农业发展进行整体规划，根据区域优势和产品分布情况，打造主题明确、功能完善的会展农业园区，合理布局展览中心、交流中心、教育基地、加工厂房、配送中心等设施，为会展农业活动的举办提供场地支持。

（3）会展农业展示基地和农业园区。应运用现代化的理念规划展示基地和农业园区，便于广大参与者的参观、休闲，配套合适的产品展示与销售平台；对交通环境进行改造，搭建合理的区—镇—村三级公路体系；需对农业展示基地和农业园区的餐饮住宿环境进行标准化建设，开展专门的技术指导和培训班，提高园区餐馆、酒店的服务质量，并根据实际情况要求，配套修建部分高档次的酒店，提升园区接待能力。

4. 质量安全支撑体系

农产品质量安全支撑体系是以生产和产品标准体系、检验检测体系、产品追溯和质量监管体系、认证体系为基础，通过政府管理、公共服务和市场引导等途径，对农产品从产地环境、投入品、生产过程、加工贮运到市场准入的全程质量安全控制的基础支撑体系。会展农业是以打造都市农业品牌形象，实现产业升级，获得品牌效益为目的。建立健全农产品质量安全支撑体系，确保会展农业农产品高品质与质量安全，控制产业发展风险，促进会展农业品牌创建和会展农业产业持续发展。

（1）生产和产品标准体系。按照与国家、国际标准接轨的要求，完善会展农业农产品标准体系，形成从生产、加工、仓储、物流等系列标准，加强标准的贯彻落实，做到有标必依，组织标准化生产技术和管理措施的示范推广。推行产地标识管理、产品条码制度，做到质量有标准、过程有规范、销售有标志、市场有监测。

（2）质量安全检验检测体系。建立健全覆盖会展农业农产品产前、产中、产后全过程的上下贯通、有效运行的会展农业投入品和产品质量检测体系。加强确保农产品质量安全的实验室、检验监测设备等基础设施建设；定期对区域内会展农业农产品生产投入品监督检查，确保会展农业农产品生产投入品的安全；加强会展农业农产品检测机构建设和人员培训，提高业务水平，全面提升农产品检验检测的能力和水平。

（3）产品追溯和质量监管体系。运用互联网和大数据等技术，搭建信息化追溯平台，统一追溯模式、统一业务流程、统一编码规则、统一信息采集，实现对会展农业农产品生产投入品、生产过程、流通过程进行全程追溯，规范生产经营行为。加强对农产品质量的监督抽查，突出产地环境监控、投入品监管、生产技术规范、市场准入、市场监测等关键环节，构建从田间到餐桌全程控制、运转高效、反应迅速的会展农业农产品质量管理体系。

（4）农产品质量认证体系。一是规范认证行为，严格标识管理，构建完善的名牌农产品的培育、认定和质量跟踪机制；二是建立以产品认证为重点，产品认证与体系认证相结合的认证体系；三是加强对认证机构的规范化管理，确保农产品认证工作能够客观、公正地进行。

5. 人力资本支撑体系

会展农业作为现代农业的一种实现形式，是采用现代科学技术来管理和经营市场化和社会化的农业，一方面要实现农业生产条件的技术化和信息化，另一方面要实现农业生产的专业化、市场化、区域化和管理的科学化，人力资本支撑是会展农业发展必不可少的条件。根据国内会展农业发展实践看，会展农业需要有高素质的农业科技人才、农业信息人才、农业会展人才、农业会展配套服务人才和农业劳动者。

（1）建立农业科技人才培养体系。一是采用多种形式、通过多种渠道，造就一批农业技术专家和农民专业技术人才，为农业科技进步培养高素质的梯队人员队伍；二是进一步培训农业初中级技术人员，加强农业技术职业教育建设工作，将职业教育作为地区农业科技人才培训的重要平台；三是加强农业科普知识和农业新技术、新品种的宣传普及工作，提高广大农民科学文化素质和科技技能。

（2）建设高水平的农业信息人才队伍。培养一批具有信息搜集、信息识别、信息加工、信息应用、信息反馈和预测分析能力的农业信息人才队伍。除重点培养高素质农业信息专业人才外，还要着重加强对农村基层干部和农业技术人员的信息技术培训，使农业技术人员同时也是农业信息专家，在为农户提供技术服务的同时也能有效提供多样化的信息服务。

（3）加强农业会展人才培养。会展农业的发展，除了需要农业科技人才和高素质的农业劳动者外，还需要有高素质的农业会展专业人才。农业会展人才的培养，一是加强高校农业会展专业建设和师资队伍建设，进一步推进更多一流大学加入农业会展教育阵营。二是完善高校课程设置和校企联合培养模式，加强院校与农业展会行业协会或龙头企业的合作，建设农业展会人才输送通道。三是加强对农业展会在职人员的培训，强化农业展会专业知识学习，加强人才交流，学习国际先进经验，培养创新意识和国际化视野。

（4）加强农业会展配套服务人才培养。在加强农业展会人才建设的同时，还要完善餐饮、住宿、会议、安保、广告等展会基础配套服务人才的培养，提高服务效率与质量。同时应重视展会服务内容延伸与创新，加强会展信息化建设，引入展会信息检索服务、多功能互动体验设施、个性化定制服务、智能讲解服务等现代化服务手段，给参展企业及观众以良好体验。

6. 产业支撑体系

从本质上看，会展农业发展的过程同时就是用现代产业体系来提升农业和用现代经营方式来推进农业的过程。会展农业作为现代农业的一种实现形式，其产业体系是一个庞大复杂的经济系统，集农产品供给、资源开发、生态保护、经济发展、文化传承和市场服务于一体，相关生产经营主体数量众多，产业组织方式丰富多样，纵向上包括生产、加工、流通和销售等上下游环节，横向上包括粮食、水果、水产和蔬菜等细分产业以及农业多功能拓展。会展农业的产业支撑体系包括特色农产品产业系统、农业多功能系统、农业产业融合发展系统和会展及农业生产生活性服务系统。

（1）特色农产品产业系统。在会展农业产业体系中，特色农产品产业系统是整个体系的基础，并始终处于会展农业产业体系的核心地位。我国各地的自然条件和经济发展有着明显的差异化，因地制宜发挥各区域比较优势，进一步优化农业的区域布局，加快主导产业的产业带建设，强化技术、人才资源与农业自然资源的集成优势，围绕特色农产品创建一批国家级、省级、市级、县级特色优势区，优化区域结构，培育区域性主导产业。

（2）农业多功能系统。农业多功能系统承担着实现农业产业体系功能的多元化作用，在保证农业商品的基本功能外，提供农业非物质产品的市场化的经营，并长期实现市场的共享和社会公益性，比如会展农业产业体系中的乡村旅游产品。

（3）农业产业融合发展系统。农业产业融合发展系统把整合农村产业和农业会展产业链条、实现农业产业延伸和农村产业功能转变作为基本职能，以现代农业发展为根本，通过农业会展活动，探索农业与文化、教育、旅游、康养等产业的深度融合，以发达的第二、第三产业来推动第一产业的发展。为此，要围绕特色农业产业，培育市场竞争力强的农业龙头企业。鼓励和扶持农民新型合作组织发展农产品加工和流通，让农民更多地分享加工流通增值收益，使其成为农产品加工、流通领域的一支生力军。

（4）会展及农业生产生活性服务系统。在会展农业产业体系中，会展及农业生产生活性服务是构建会展农业产业体系的有力支撑，会展及农业生产生活性服务系统是贯穿于整个会展农业产业体系中的服务产业，为会展农业产业体系各环节提供必要的服务，通过把技术、资金、人力以及市场信息等服务，很好地契合到农业生产的过程中，全面提高农业生产力水平和生产效率，并满足会展农业产业链发展的需求，保证会展农业产业体系中服务链条的完整性。

7. 经营支撑体系

经营体系指的是通过发展多种形式适度规模经营，大力培育专业大户、家庭农场、农民合作社、农业产业化龙头企业等新型农业经营主体，逐步形成以家庭承包经营为基础，新型农业经营主体为骨干，其他组织形式为补充，家庭经营、集体经营、合作经营、企业经营共同发展的新型农业经营体系。集约化、专业化、组织化、社会化是会展农业经营体系发展的内在要求。会展农业经营体系的基本构架是在坚持农村土地集体所有、坚持家庭承包经营制度基础性地位和实行农村承包土地“三权分置”基础上，维护农户家庭经营，强化合作和联合经营，发展社会化服务。

（1）维护农户家庭经营。农户家庭经营是会展农业经营体系的基础。在实践中，农户家庭经营主要有两种形态，一种形态是小农户，另一种形态是家庭农场。农户家庭经营是农业的基本形式，是我国农业发展需要长期面对的现实。小农户生产在传承农耕文明、稳定农业生产、解决农民就业和增收、促进社会和谐等各方面都具有不可替代的作用。因此，发挥新型农业经营主体带动作用，培育各类专业化市场化服务组织，提升小农户生产经营组织化程度，改善小农户生产设施条件，提升小农户抗风险能力，扶持小农户拓展增收空间，把小农户引入现代农业发展轨道是维护农户家庭经营的重要方面。

（2）强化合作和联合经营。在实践中，发挥联合与合作作用的主要组织形态为合作社、集体经济组织。合作社不仅是农户之间的联合合作纽带，同时也是农户与其他农业经营主体和服务主体之间联合合作的纽带，比如农业产业化联合体，就是“家庭农场 + 合作社 + 产业化龙头企业”。很多社会化服务组织服务农户，并不直接与农户对接，而是与合作社对接。近些年来，农村集体经济组织发挥的合作和联合纽带作用越来越大，比如很多农业企业和社会化服务组织是通过农村集体对接农户。

（3）发展社会化服务。社会化服务在会展农业经营体系中发挥“支撑”作用。在实践中，农业社会化服务与小农户和家庭农场两种家庭经营形态的对接方式就是服务方式，通过健全农业社会化服务体系，实现小规模农户和现代农业发展有机衔接。

8. 品牌建设与市场营销体系

会展农业应遵循品牌发展规律，充分发挥品牌引领作用，重点抓好“创新、品质、管理、诚信”等重点环节，完善市场营销体系，提高会展农业品牌的知名度和美誉度，扩大消费市场容量，不断提升产业效益。为此，会展农业发展离不开品牌建设与市场营销体系的支撑。品牌建设与市场营销体系具体应做好以下几方面工作：一是特色品牌培育。支持绿色食品、有机农产品、地理标志农产品和森林生态标志产品等的申请认证和扩展。加强传统品牌的整合，集中建设一批叫得响、有影响的区域公用品牌作为会展农业的“地域名片”，提升管理服务能力，培育和扩大消费市场，实现优势优质、优质优价。紧盯市场需求，坚持消费导向，擦亮老品牌，塑强新品牌，努力打造一批国际知名的企业品牌。运用地域差异、品种特性，创建一批具有文化底蕴及鲜明地域特征的会展农业品牌。做好品牌宣传推介，充分利用农业会展活动及各种媒体媒介做好形象公关，讲好品牌故事，传播品牌价值，扩大品牌的影响力和传播力。二是品牌管理与保护。切实提升品牌管理水平，建立区域公用品牌的授权使用机制和品牌危机预警、风险规避和紧急事件应对机制。构建完善品牌保护体系，实时监控、评估品牌状态，综合运用协商、舆论、法律等手段打击各种冒用、滥用公用品牌行为。确保诚信合法经营，以树立“百年品牌”为目标，营造良好品牌建设环境。三是市场营销体系建设。立足会展农业产业发展实际，借助农产品博览会、农贸会、展销会等渠道，充分利用电商平台、线上线下融合、“互联网＋”等各种新兴手段，灵活运用拍卖交易、期货交易等方式，加强特色农产品市场营销，扩大会展农业农产品市场占有率。支持新型经营主体发展会展农业农产品的物流运输、快递配送，开展“农批对接”“农超对接”“农社对接”“农校对接”等各种形式的产销对接，以委托生产、订单农业等形式形成长期稳定的产销关系和市场体系。

八、北京会展农业实践

（一）北京会展农业发展基本情况

北京作为全国政治、文化中心，以及国际交往中心之一，总面积16 410平方千米，其中山地占总面积的62%，农田面积231.69万公顷。截至2019年，北京市常住人口总数达2 153.6万人。北京农业的首要任务是发挥首都高端农产品供应和城市应急安全的基本保障功能、大宗农产品适度供给和鲜活农产品稳定供给。同时，在首都生态宜居的重要基础功能方面，北京农业必须实现农业与环境相协调、循环可持续的生态功能。长期以来，北京农业发展受到土地、水等资源限制，农产品生产成本相对较高。但北京有科技、资本集中的优势，可以通过跨区跨产业链品牌的打造，获得产业竞争力的可持续发展。

随着北京农业区域化、专业化格局逐步形成，在北京郊区围绕专业化农业产生了一批农业节庆活动和交易会，比较有代表性的有大兴的西瓜节、梨花节，平谷的桃花节，通州的花卉节、葡萄采摘节，密云的国际板栗文化节，怀柔的板栗文化节，门头沟的京白梨采摘节，丰台的种子交易会，这些节庆活动和交易会吸引了国内外的同行和城市市民前来交流、观光、采摘，使农业在满足人们对“胃”的需求的同时，还满足了人们对“肺”“眼”“脑”等多种感官的需求，农业的多功能性得到显现，产生了良好的经济效益和社会效益。这些农业节庆活动和交易会的举办还提升了北京农产品的知名度，促进了北京农业发展，北京形成了西瓜、大桃、板栗等主产区。这种由农业节庆活动和交易会的举办带动发展起来的农业业态，不仅加快了北京农业发展方式的转变，也大大促进了北京农民的持续增收，满足了消费者新的休闲体验需求，受到北京市委、市政府的高度重视，并针对这种农业发展形式，首次提出了会展农业的概念。

“十一五”以来，北京市委、市政府对“会展农业”这一新概念、新产物和新形态持续加大了理论研究和实践探索。北京市委、市政府对各郊区县的资源、区位、人文等客观条件做出科学判断，根据全市国民经济和社会发展的整体规划，以及会展业、旅游业发展规划，对全市会展农业发展的区域布局进行科学谋划，编制了切实可行的会展农业发展规划，研究出台具体的扶持和引导实施意见，引导全市会展农业步入有序的可持续发展之路。北京市先后成功举办了世界草莓大会、世界葡萄大会、世界种子大会、世界食用菌大会、世界马铃薯大会、世界月季洲际大会和世界园艺博览会等多项令人瞩目的国际高级别的农业盛会。这些世界级的农业大会具有共同的特点：一是专业性，会议活动围绕农业的某一产业展开；二是国际化，体现在举办机构、参与人员的国际化；三是影响力大，会议在世界范围内具有较大的影响力；四是学术性，围绕农业某一产业开展综合展示、学术研讨、产经论坛、技术参观等。北京虽非农业大省，却接连举办了多个国际高级别的农业会展活动。伴随着一系列专业性、国际化、影响力大的世界性学术农业大会及区域性农业会展的成功举办，有效带动了北京乃至全国相关农业产业的升级，塑造了产业品牌，增加了农民收入，提升了北京形象和竞争力。其中，2012 年第七届世界草莓大会的成功举办，在学术、产业、经济等方面产生了深远的影响，为北京市政府“一个国际会议带动一个产业”的设想提供了一个成功的范例。

1. 世界草莓大会与昌平草莓产业

世界草莓大会由国际园艺学会创办，每四年举办一次，被誉为

“草莓界的奥运会”，是展现全球草莓最新科技前沿成果的学术盛会，也是引领世界草莓产业发展趋势的风向标，具有广泛的国际声誉和影响力。1988—2008 年，世界草莓大会分别在意大利、美国、荷兰、芬兰、澳大利亚、西班牙成功举办。作为全球草莓界的最高级别盛会，每一届大会的圆满召开，都有力地推动了举办国草莓科技与产业的快速发展。

北京市昌平区位于北纬 40°，昌平区兴寿镇是世界公认的最适合草莓种植的地区之一。作为北京草莓主产区、中国草莓重要基地之一，为了有效推动昌平草莓产业的升级，昌平代表北京在 2008 年成功获得了 2012 年第七届世界草莓大会的主办权。中国是亚洲第一个举办世界草莓大会的国家，为了办好第七届世界草莓大会，昌平区编制了“北京市昌平区草莓产业发展规划（2008—2012 年）。规划将昌平草莓产业定位于“科技前沿、种业高地、精品高效、辐射示范、农民受益”，通过持续建设，将昌平建成世界一流的草莓科技创新和产业化平台，国内领先的草莓品种开发和种业基地，北方重要的精品草莓产区和交易中心，以及辐射带动全市设施农业发展的草莓产业化示范区。第七届世界草莓大会明确提出了“以会兴业、以会兴城、以会惠民”的目标。昌平区以第七届世界草莓大会为契机，进一步改善了草莓产业发展的条件，为草莓产业发展奠定了基础。

昌平区从地区发展实际出发，创新采取了“一区、一场、一园、三中心”的办会模式。“一区”，即精品草莓产业示范区。以昌平东部“安四路 + 昌金路”沿线为核心，建设约 30 平方千米的设施草莓走廊，重点发展精品草莓种植、加工、配送、休闲观光等相关产业。会期供专业代表参观和市民休闲体验。“一场”即大会主会场九华山庄，用于召开国际草莓学术研讨活动，同时带动九华及区域旅游会展业发展。“一园”即草莓博览园。草莓博览园会后将成为京北地区及昌平东部的标志性景观，主要用于草莓科技示范展示和举办各类农业展会活动，为广大市民和游客开展农业休闲、消费及体验提供理想场所。“三中心”，即草莓加工中心、草莓产品展示交易中心和农业产业科技促进中心。“三中心”会后将通过市场运作，探索建立农业科技企业孵化器，积极发展农产品深加工及现代物流等业态，逐步建成农业产业科技研发、农产品电子商务和农业产业化国内外交流的重要基地。同时，依据办会实际需要和产业发展需求，昌平集中实施了昌金路、崔昌路东延等 5 条、总长 27 千米的道路改扩建工程，以及覆盖周边 10 条主要道路、29 个草莓生产村、总面积约 90 平方千米的环境建设和整治工程，极大改善了周边城乡环境面貌。

第七届草莓大会的筹办有效推动农业提质增效，促进农民增收致富。昌平区政府科学规划，以“办好世界草莓大会，拉动一个产业，富裕一方农民”为出发点。在第七届草莓大会筹办期间，先后建立了中国草莓种质资源基因圃和 6 000 亩种苗繁育基地，加快打造具有国际水准的草莓种业高地。成功获得了“昌平草莓”国家地理标志性产品保护，建设完成了国内首个农资配送体系以及首家草莓医院。同时，引进了北京欧洲草莓研究所等一批国际农业科技合作项目和世界知名农业科技企业。储备国内外草莓品种资源 135 个，先进栽培模式 17 种，产业发展水平正在逐步与国际接轨。

第七届草莓大会的成功举办，有效促进了昌平草莓产业的发展，提升了昌平草莓的影响力，打响了昌平草莓的品牌。昌平草莓种植规模由大会举办前的 2 000 栋日光温室发展到 2019 年的 4 800 栋，年产量由大会举办前的 200 万千克增加到 2019—2020 年度的 630 万千克以上，产值达到 3. 3 亿元以上，解决了 13 个镇 70 个村 1 500余户农民就业问题。昌平借助“昌平草莓”品牌在吸引人们来昌平采摘草莓的基础上，还带动了区内相关产业的发展。“昌平草莓”产业不仅带动了全区农业的增收和农业转型升级，在引领全国草莓产业发展方面也发挥出了重要的作用。

2. 世界食用菌大会与通州食用菌产业

世界食用菌大会是由国际食用菌学会发起，自 1950 年举行第一届国际食用菌大会以来，以后每 3 ~5 年召开一次，是全球食用菌科研领域和产业界顶级盛会，致力于促进国际食用菌科技交流和合作，推动全球食用菌科技和产业的发展，号称“蘑菇界的奥运会”。截至 2012 年，已经先后在英国、法国、德国、日本、澳大利亚、荷兰、美国等国家召开了 17 届国际食用菌大会。2012 年 8 月，北京通州区举办的第 18 届国际食用菌大会是首次在发展中国家举办。

通州区是京郊食用菌主产区之一，生产白灵菇、金针菇、杏鲍菇等食用菌。2010 年，通州区组织编制了《“十二五”食用菌产业发展规划》，建设了永乐店食用菌产业发展核心区和马驹桥镇白灵菇工厂化生产集聚区。2011 年，通州区制定了《关于促进食用菌产业发展的扶持办法》。从 2010 年开始，北京通州区沿着国际化、高端化、设施化的发展思路，先后引进资金约 4 亿元，新建了各类食用菌公司和基地，不断发展壮大全区食用菌产业。

借助第 18 届国际食用菌大会的举办，通州建立起占地面积 1 500亩的通州区食用菌产业园，内建有食用菌菌种育繁场、杏鲍菇工厂化生产示范场、中国食用菌品种展示园、中国食用菌设施生产模式展示园、北京林菌生产模式展示园和食用菌文化馆，主要展示中国食用菌菌种生产模式、中国食用菌主要品种和配套栽培模式。同时，发展壮大了食用菌产业，全区林地食用菌生产面积达到 1 万亩、设施食用菌生产面积达到 2 000 亩，知名企业相继入驻。形成了林下养菌、设施食用菌和工厂化食用菌三大食用菌生产类型。林下养菌是通州区在全国率先开发应用的平原地区林菌生产模式，技术推广应用于京郊大兴、房山、平谷等区和河北、河南等省；通州设施食用菌生产面积 2 000 亩，年产量 1 万吨；工厂化食用菌生产车间 6. 8 万平方米，日产量 80 吨，占全市总产量的 60%，不仅产品居全市之首，品质也是最好的。如今，通州区共引进和示范推广了白灵菇、金针菇、双孢菇等十几个食用菌品种，全区年产各类食用菌 6. 8 万吨以上，产值 7 亿元。

通州区食用菌产业的发展，有力地带动了村民致富。目前，全区已有 1 500 多名农民在食用菌生产企业就业，年均收入 2.5 万元左右，3 500 多户农户从事食用菌生产，户均年收入 5 万元以上，经济效益非常可观。随着通州区食用菌产业“量和质”的不断发展，通州区以永乐店食用菌产业发展核心区为平台，发展起了以食用菌为主题的休闲农业，每年举办“食用菌科技文化节”，建立了“食用菌休闲体验农庄”，开设了“通州食用菌旅游专线”，吸引大量市民到通州亲手种植食用菌、采摘食用菌、现场制作和品尝食用菌食品，享受食用菌的鲜美味道。实践证明，第 18 届国际食用菌大会的举办不仅促进了通州区食用菌产业发展，还很好地带动了通州区一二三产业的融合。

3. 世界葡萄大会与延庆、怀来葡萄产业

世界葡萄大会由国际园艺学会主办，每 4 年举办一次，被称为“葡萄界的奥运会”，是世界各国交流葡萄研究进展与成果，展示葡萄新品种、新栽培技术、新加工产品的最重要的学术会议，也是举办国和举办城市展示葡萄与葡萄酒产业成就，推介打造本地葡萄品牌与外界开展合作洽谈最具影响力的一个国际性平台。2014 年 7 月在北京延庆举办的第十一届世界葡萄大会，是世界葡萄大会自 20 世纪 70 年代创办以来首次在亚洲举办。

北京延庆区位于北纬 40°16′ ~ 40°47′，与世界著名的葡萄酒产地波尔多地处同一纬度的葡萄种植“黄金带”上，延庆区拥有 700 多年的葡萄种植历史，在北京郊区诸多葡萄种植区域中，延庆拥有资源、区位、产业、休闲等产业发展优势。作为北京市重要的生态涵养发展区，延庆是北京西北的生态屏障，区域内山水资源丰富，也没有任何可能形成污染的工业，造就了延庆天然的有机农产品生产基地。依托天然优势，延庆发展起了较强的葡萄产业基础。早在 2011 年，延庆区分布在张山营、旧县、香营等乡镇葡萄种植面积就达到 1.7 万亩，年产 680 万千克，居京郊各区葡萄生产的首位，

并通过了农业农村部农产品地理标志认证。与延庆相邻的河北怀来种植葡萄已有上千年的历史。

世界葡萄大会的举办促进了延庆葡萄产业升级。延庆区把2014年第十一届世界葡萄大会作为提升延庆葡萄产业发展的一个平台和跳板，在全世界树立起“延庆葡萄”品牌。世界葡萄大会的举办，推动延庆形成了“一带、一园、一场、三中心”的葡萄产业格局。即：一条葡萄酒庄产业带，一个万亩千种鲜食葡萄产业园，一个葡萄大会主会场和国家级葡萄科研与产业服务中心、国家级葡萄酒质量鉴定评级中心、葡萄及葡萄酒交易中心。“三中心”的建设意味着延庆区将承担起中国葡萄酒产业科研推广、标准评定和市场规范的重要职能，整合葡萄酒产业的政府、协会、科研、市场、资金等发展要素，建立规范国内外高端葡萄酒公平竞争与交易的平台。同时，在葡萄大会主会场旁边建成了一个集休闲、观光、旅游、采摘、体验、展示为一体的万亩葡萄产业主题公园，主要用于宣传葡萄文化、满足市民休闲需求。截至目前，延庆区葡萄种植规模已经达到1.1万亩，其中鲜食葡萄0.79万亩，酿酒葡萄0.31万亩。延庆葡萄产业的发展，不仅调整了延庆葡萄产区的葡萄品种结构，促进农村种植结构调整，更在促进农民增收、改善区内生态环境、推动葡萄产业可持续发展等方面具有重要意义。

世界葡萄大会辐射带动了河北怀来葡萄产业发展。延庆与河北怀来同属桑干盆地，即延怀盆地，延庆位于盆地东部。在世葡会举办期间，延庆区与河北省怀来县签订了战略合作协议，打造葡萄“延怀产区”产业联盟。北京延庆区和河北怀来在两边地缘、人缘和产业的现实需求基础上，共同制定了《“延怀河谷”葡萄和葡萄酒产业规划》，整合近30万亩葡萄产区、40多个葡萄酒庄资源，优势互补，统一打造“延怀产区”品牌，推进京冀葡萄及葡萄酒产业的纵深发展。延庆和怀来共同成功申报的“延怀河谷葡萄”农产品地理标志，成为第一个跨省市地理标志产品。双方还共同制定了“延怀河谷葡萄与葡萄酒”产业生产栽培和酿酒技术标准。2015

年，延庆区成立了延庆区葡萄及葡萄酒产业促进中心，主要负责延怀河谷葡萄及葡萄酒产业发展相关事务，承担相关科研和试验项目，在培育、新技术转化等方面提供示范和推广服务。在一年两熟葡萄研究栽培技术上，延庆区葡萄及葡萄酒产业促进中心一直处于领先地位，还研究出配套的适宜品种。温室葡萄的一年两熟技术，第一茬在5—7月成熟，第二茬在元旦春节期间成熟。不仅解决了葡萄淡旺季供应的问题，而且还大大提高了经济效益，极大地丰富了温室葡萄品种栽植种类，最终满足了消费者多样化的需求。自2016年至今，延庆区葡萄及葡萄酒产业促进中心积极向京津冀地区推广温室葡萄一年两熟技术，已推广栽植面积达80余亩，推广葡萄新品种4个，为延怀河谷产区葡萄果农开展葡萄新品种的推介与先进栽培技术推广培训500余人次。截至目前，延庆区葡萄及葡萄酒产业中心已筛选出适合京津冀地区栽培的露地及设施鲜食葡萄品种20余个，适宜一年两熟新品种8个，抗寒酿酒葡萄品种2个，为京津冀地区培育适宜的优质葡萄品种苗木奠定了坚实基础。按照规划，延怀河谷地区将不断优化种植结构，增加12万亩鲜食葡萄，其中包括1万亩设施葡萄产区。将建设三大种苗繁育基地、四大标准化种植基地、三大特色化种植基地。未来，延怀河谷将建设150家酒庄、规模化酿造企业2家、相关延伸加工企业10家，同时大力完善交易、科研、培训、会展为主的产业服务体系。预计到2030年，延怀河谷产区葡萄种植面积将达40万亩，年产葡萄酒30万吨，实现葡萄及葡萄酒产业总产值达到140亿元，新增就业岗位12万个。

在产业融合发展方面，两地密切合作，怀来县重点推出“百里葡萄长廊”和“百家葡萄酒庄”两大平台，打破过去重生产、轻体验的模式，打造更多风格不同的葡萄酒庄，大力发展集葡萄种植、高档葡萄酒生产、观光采摘、异域风光为一体的葡萄观光旅游，深度挖掘酒庄文化，打造全国最具实力的葡萄酒庄集群，推进延怀河谷生态旅游个性化、特色产品市场化和葡萄产业多元化发展。从 2017 年开始，北京市延庆区和河北省怀来县每年定期举办延怀河谷葡萄文化节。截止到 2019 年，延怀河谷葡萄文化节已经连续举办了 3 届。延怀河谷葡萄文化节深度挖掘葡萄及葡萄酒文化，大力发展葡萄观光游和采摘体验游，极好地宣传了延怀河谷葡萄品牌，扩大了延怀河谷葡萄在国内的知名度，促进葡萄产业与休闲旅游等产业的融合发展，把延怀河谷葡萄产区打造成为京郊旅游胜地。

4. 世界马铃薯大会与延庆、张家口马铃薯产业

世界马铃薯大会由世界马铃薯大会公司与主办地合作每三年定期举办一届，致力于促进世界马铃薯行业各方面信息的共享和交流，为全球马铃薯种植户、马铃薯产业和研究领域的代表、生产设备研发领域专家等提供交流平台和市场机会。世界马铃薯大会公司（WPC）是一个非营利组织，由代表马铃薯不同领域的志愿理事组成，总部设在加拿大马铃薯重要种植生产区爱德华王子岛。世界马铃薯大会自 1993 年创办至 2015 年，先后在加拿大、英国、南非、荷兰、中国云南、美国、新西兰、英国成功举办八届。2015 年，北京延庆举办了第九届世界马铃薯大会，同期还举行了第六届中国国际薯业博览会、第十七届中国马铃薯大会和马铃薯主食产品及产业开发国际研讨会，首次实现了“四会合一”，吸引了来自全球 30 多个国家的 3 000 多名马铃薯领域的专业人士和政府部门代表参加。

延庆、张家口各自具有马铃薯产业优势。在京冀地区，马铃薯的科研优势力量在北京，产业基础在河北。延庆拥有国内马铃薯研究优势力量，比如国家马铃薯工程技术研究中心、中国农科院马铃薯示范基地、国内最大种薯企业等都在延庆。延庆依托首都科研、人才优势和地区气候、土壤优势，具有种薯研发、产品交易、举办会展、人才培训等方面资源，在开展马铃薯新品种的引进、试验、选育、推广，健全马铃薯薯种多元化体系，提升种薯质量，建设集

绿色生态、产业研发、科技创新于一体的“马铃薯种源之都”方面具有优势。河北张家口地域辽阔，适合大规模种植马铃薯，还可以进行马铃薯深加工，是马铃薯的优质产区。张家口全市 5 区 12 县都种植马铃薯，常年播种面积 160 万亩，年产量 240 万吨，种植面积和产量均占河北省的 60% 以上。同时，机械化种植程度比较高，以坝上地区为主的马铃薯种植主产区，拥有世界领先的马铃薯灌溉系统。总体而言，资源禀赋独特，种植面积大和总产量高，产业链条比较完整，是张家口在马铃薯生产上的优势。可以说，马铃薯在张家口已成为一张重要的城市名片。

北京延庆和河北张家口两地在马铃薯生产上各自优势明显，但也存在着互补的需求：张家口需要北京的科技和人才优势；北京也需要张家口的产量和种植面积优势。随着马铃薯主食产品及产业开发的大力推进，马铃薯将在品种研发、加工生产、流通销售等产业链各环节上加速扩张，由此带来了值得期待的马铃薯产业市场前景。在第九届北京世界马铃薯大会上，北京延庆区人民政府与张家口市人民政府签署了马铃薯产业战略合作协议。《马铃薯产业战略合作协议》确定了延庆与张家口在品种选育推广、科技协作攻关、高产高效示范等方面深化合作，共建科技园区和产业基地，加快科技成果转化，“京张携手”打造“马铃薯种源之都”。“马铃薯种源之都”将依托首都的科研和人才优势，重点在种薯研发、产品交易、举办会展和人才培训方面进行谋划和发展，扩展马铃薯新品种引进、实验、繁育、推广，健全马铃薯种薯多元化体系，提升种薯质量。“马铃薯种源之都”的建设既是推动京津冀协同发展、落实新时期首都城市战略定位，着力打造国际交往中心、科技创新中心的具体实践，也将在基础设施改善、投资环境优化、产业要素聚集等方面产生重要的推动作用，促进两地马铃薯产业垂直分工、互补共进、提档升级，推动全产业链的形成与发展。两地携手做大、做强、做优马铃薯产业，不是简单、同质的规模扩张，而是立足各自资源禀赋和产业基础，走差异化发展道路，共同打造辐射力、扩散力与竞争力更强的产业板块。充分发挥首都区位优势，与张家口市共同制定统一的区域产业标准，塑造统一的区域产业品牌，培育更多的知名品牌，逐步构建起集品牌宣传、产权保护、产品推介于一体的马铃薯品牌价值体系，打造在国内外享有较高知名度、美誉度和影响力的马铃薯产业整体品牌形象，提高两地马铃薯产业市场竞争力和产业附加值，促进农民增收，实现区域协同化、产业一体化、效益高端化。

京张两地马铃薯产业发展成效显著。一是搭建了产业发展平台。依托北京科技优势、人才优势，延庆汇集国内先进的马铃薯科研力量，建设了集种薯研发、种薯繁育、种质鉴定以及产业化加工为一体的马铃薯产业高科技园区，吸引了首个在华设立的国际农业研究机构——国际马铃薯中心亚太中心，以及国内大型马铃薯种薯企业之一——北京希森三和马铃薯有限公司等多家科研机构和企业入驻。国际马铃薯中心亚太中心的建立将集成中国和国际马铃薯中心的科技、人才、资源、网络、信息等优势，努力选育适应地域环境特点的新品种，提高地区薯类总体生产能力和产出水平，作为一个拥有国际先进设施和人才的区域性自主创新平台，亚太中心还将在延庆打造马铃薯“种源之都”，进一步提升中国马铃薯产业发展水平，助推北京市“种业之都”的战略步伐。目前，马铃薯产业高科技园区已成功培育出十几个具有自主知识产权的新品系，在马铃薯品种引进、良种繁育和推广方面都具备强大的技术力量。同时，北京恒德嘉汇股权投资有限公司在延庆成立马铃薯交易中心，依托“互联网+”服务马铃薯全产业链，搭建集信息服务、交易定价、物流配送为一体的产业互联网服务平台，通过专业化服务吸引中国乃至世界的马铃薯产业链主体集中参与到马铃薯产业发展中来。目前，延庆作为国内最大的种薯研发基地，年产马铃薯微型薯1.5亿粒，约占全国总产能10%。二是增加了农民收入。受到土地和劳动力价格等多方面因素制约，延庆区所产微型种薯中近50%输往张家口地区进行繁育。马铃薯制种繁育增加了张家口地区农民收入。以河北省张家口市沽源县小河子乡大东沟村农民李锦开展脱毒马铃薯制种繁育为例，三年中，李锦家的马铃薯种植面积由 80 亩增加到 200 余亩，净收入 14.7 万元，实现了生活上的小康。大东沟村的土豆种植面积，从 2014 年以前一家一户零散种植，到如今规模化流转土地种马铃薯，大东沟村的马铃薯种植面积迅速扩大。村民给大户打工，增加了务工收入；通过流转土地，拿到了稳定的土地租金：2014 年土地租金是每亩地每年 100 元，第二年涨到 150 元，2019 年一亩地的租金已达 400 元。产业实现规模发展的同时，实现了大东沟村村民收入的增长。

5. 世界月季洲际大会托起一座新兴城镇

世界月季洲际大会是由世界月季联合会（WFRS）主办的全球月季界高级别盛会，每三年举办一次。在大会举办期间，各成员国交流月季栽培、造景、育种、文化等方面的研究进展及成果，展示新品种、新技术、新应用，为举办国和举办城市推介地区品牌、开展国际合作提供平台。2016 世界月季洲际大会在北京大兴区举办，同期还举办了第十四届世界古老月季大会、第七届中国月季展和第八届北京月季文化节。2016 世界月季洲际大会的举办带动了大兴花卉一二三产业融合发展，促进了农民增收致富，推动了生态文明建设。

大兴区在成功申办 2016 世界月季洲际大会后，对大会及产业发展进行了整体顶层设计，内容包括办会方案、区域发展规划、专项规划等，具体到产业如何发展、体验馆和公园建设、产业基地建设等问题。大会从筹办之初就和市民的旅游休闲需求相结合，会议结束后，这些会议建设设施，已经全部转变为旅游参观景点，并永久对市民开放。世界月季洲际大会核心区大兴区魏善庄镇，原有一个占地 2 000 余亩的月季生产基地，年产月季 1 200 万株。作为北京市最大的月季出口基地，魏善庄镇成为承办月季盛会的不二之选。为了此次盛会，大兴区建造了世界首座以月季为主题的博物馆，规划建设了“四园、一馆、一中心”。四园，即月季主题园、月季品种园、月季文化园、古老月季文化园；一馆，是月季博物馆；一中心，为月季大会会展中心。当魏善庄被确定为大会核心区后，处于其核心地理位置的半壁店村为了实现月季产业的可持续发展，统一流转了村内 1 000 亩土地，引入两个月季园，一个是集科普、示范、推广、国际交流和接待休闲旅游等多种功能于一体的国内一流、世界知名的月季文化中心纳波湾，另一个是以古老月季品种展示为特色的亿水阳光古老月季园，形成集景观观赏与产业发展为一体的新型模式，农民不仅可以拿到流转土地的收益，同时月季园区也为村民提供大量就业机会。除两个月季园区外，村内还引入高端企业，承租村民民居，发展特色旅游业。比如，以泰迪熊为主题的泰迪低碳乐园一期，就涵盖了泰迪熊博物馆、泰迪体验馆、原乡民宿、农家餐厅、户外营地、小熊训练营等项目，为游客提供完备的休闲配套服务。不仅半壁店村，更多产业转型升级的例子在魏善庄真实上演。如疏解腾退了工业大院的羊坊村，建成了月季文化园；魏善庄村将原有废弃大坑改造为人工湖，建起了月季湾公园。魏善庄建起了世界月季主题公园、月季品种园、月季文化园、月季博物馆、花卉交易中心和月季产业基地。在世界月季主题园拥有十余个特色主题园区，可以看到来自美国、德国、英国等 15 个国家的 400 多个月季品种。依托这些丰富的月季资源和月季产业基地，魏善庄在大力发展月季主题旅游，使“月季”成为大兴区和魏善庄的新名片。同时，还整合月季产业资源，大力推进生态农业，提升镇域内主要道路两侧月季园区景观体系效果，如今，魏善庄村庄绿化面积已经达 70 万亩，其中油菜花种植 1 000 亩，二月兰种植面积 1 万亩。同时，种植野花组合 20 万平方米，油葵 400 亩，播种板蓝根、虞美人等品种 2 000 亩。2019 年在丹麦哥本哈根召开的第 18 届世界月季大会上，北京大兴世界月季主题园最终以众多的月季品种、优美的园林景观、丰富的月季文化内涵，获得了“世界月季名园”称号。这是继深圳市人民公园、常州紫荆公园、北京植物园后我国第四个获得此项殊荣的公园。现如今，魏善庄从一座以第一产业为主的传统农业镇成功转型为拥有6 000余亩月季产业园区，集花卉观赏、花卉养生、科普教育、休闲娱乐、农产品销售、特色住宿等多种功能为一体的月季主题旅游小镇。

6. 世界种子大会与北京籽种产业

世界种子大会由国际种子联盟主办，是国际种业界规模最大、层次最高，集会议会展、贸易洽谈、行业决策于一体的大型综合性种业大会，是各国展示本国种业发展成果、开展交流与合作的窗口和平台，在诸多国际性组织中具有较强影响力，被誉为种业界的“奥林匹克”。国际种子联合会是一个代表世界种业组织的非政治、非营利性组织，目前拥有70多个国家会员，遍布各大洲发达和发展中国家。2014年在北京丰台举办的第75届世界种子大会，是第一次在中国举办的世界种子大会。

第75届世界种子大会的举办地丰台，截止到2019年，已经连续举办了27届北京种子大会。北京种子大会的前身是北京（丰台）种子交易会，创办于1992年。北京（丰台）种子交易会一直以来是我国“四大种子交易会”之一，并为日后全国各省区、市区举办各类种子会展起到了良好的示范作用。2009年，北京（丰台）种子交易会升格为北京种子大会。2014年，北京种子大会以高起点、严要求，按照世界种子大会的模式同时不失原有特点的基础上成功举办了第75届世界种子大会，为中国种子产业发展提供了难得的机遇，也为世界种子行业了解中国搭建了良好的平台。

经过多年的发展，北京逐步成为国内外种业发展的重要核心。在2009年第十七届北京种子大会上首次正式提出了“种业之都”的概念，明确了北京种业发展的目标定位，即打造“种业之都”、努力形成中国种业创新中心和世界种业交流交易服务中心。第十七届北京种子大会还就打造北京“种业之都”、构建“两个中心”，提出促进首都种业快速发展的“2468种业行动计划”，即围绕建立中国种业科技创新中心和全球种业交易交流服务中心两大基本目标，以种植、畜禽、水产、林果花卉四大种业为载体，以杂交小麦、抗旱型玉米、优势瓜菜（草莓）、食用菌、专用马铃薯、种猪、奶牛、蛋种鸡、肉种鸡、种鸭、鲟鱼、观赏鱼、盆栽花卉、切花、鲜果、绿化树种共16个种业优势品种为重点，以八大基础工程为主要措施，通过实施24个具体项目，全力推进首都种业的跨越式发展。为进一步发挥首都发展优势，推动首都种业跨越式发展，2010年，北京出台了《北京种业发展规划（2010—2015年）》。

2014年世界种子大会暨国际种子联合会第75届世界种子大会在北京举办，进一步提升北京乃至全国籽种产业的水平，为建设北京种业总部基地，打造“种业之都”提供了强有力的科技支撑。在第75届世界种子大会的推动下，北京籽种业发展呈现出如下局面：

（1）布局了北京种业发展。北京重点打造中关村国际种业园区，辐射带动丰台会展功能区、顺义和通州交易功能区，加快会展、交流交易平台建设，提升服务支撑能力；进一步优化提升本市种植、畜禽、水产、林果花卉四大种业生产基地布局，加大南繁基地建设力度，加强外埠制种基地合作和服务支撑；依托由10个区县级优势作物品种试验展示基地、3个国家级和市级综合品种试验展示中心、7个创新孵化辐射基地形成的“10+3+7”农作物品种展示基地网络，搭建国家和市级、区县级、科教机构和企业级“10+3+7+N”品种展示孵化四级网络。

（2）组建了育种基础研究创新平台。育种创新平台以北京市农林科学院为依托，以全院的育种资源为平台，以项目为载体，联合国内外企业、科研院所、高校，组合成一个开放、创新、高效的共享网络合作的创新研究新模式。育种平台成立以来，先后聚集了7个政府部门、8家企业、26家科研院所、25家大学参与建设，形成了具有“政、产、学、研”联盟特色的平台建设群体。平台集成了国内外大学、科研院所、企业等多家单位的500多台（件）价值上亿元的仪器设备、万余份种质资源，近30个实验室。其中，国外重点实验室2个、国家级重点实验室4个、部级重点实验室6个、省级重点实验室10个，形成了由60多家国内外优势科研单位540多名各类科研人员组成的一支研究团队，实现了资源和技术上的优势互补和集体智慧潜力的发挥，建立起了跨地区、跨系统和跨所有制科研单位的共享网络合作研究模式，促进全国资源和技术的优势互补，共同研究获得了西瓜基因组测序、二系杂交小麦等全国领先的基础研究成果。

（3）培育了日益活跃的籽种交易市场。北京是全国种业企业聚集密度最大的地区，而且北京种业企业自身实力名列前茅。全市籽种经营企业1 333家，持证企业347家；北京育繁销一体化企业11家，占全国的12%；拥有种子进出口权的企业11家，占全国的10%；外资企业10家，占全国的24%；全国种业前50强企业中北京市的企业有4家。近年来北京种子企业主要集中在朝阳、海淀和丰台，企业密集度居全国第一。中国种子集团、德农种业、奥瑞金种业股份有限公司、大北农集团等大型种子企业交易额合计达到10多亿元，约占北京市种子交易额的50%，占全国交易额的5%左右。2014年北京种业交易中心（筹建）发起股东合作签约仪式活动，北京种业交易中心的建设，有效推动了种业的市场化运作、推动农业产业链整合，进而实现产业监管，保障种业安全。中心充分运用现代技术手段，全面整合产业资源，以种业品种权交易为核心，汇集人才、科技、资本、市场等要素，挂牌交易国内外权属清晰的种业品种权，配套商品种子交易、检测评估咨询、信息集散、金融保险等服务，推动种业技术产权交易市场化、种业资本多元化、种子检测评估中介服务规范化，形成统一、集中、开放、权威的种业交易平台。

（4）种业交流合作优势突出。北京拥有一批国内一流的育种研发机构和高、中级专业育种人才，北京市农林科学院、中国农业科学院、中国农业大学、北京农学院、未名兴旺系统作物前沿实验室、北京市园林科学研究所、中国科学院、中国林业科学研究院、北京大学、北京师范大学、北京林业大学，以及北京德农种业有限公司、中国种子集团公司、北京奥瑞金种业股份有限公司、北京金色农华种业科技有限公司、北京凯拓三元生物农业技术有限公司、北京华都峪口禽业有限责任公司、北京京研益农科技发展中心等知名企业，为种业科技创新和育种研发提供支撑。北京市农林科学院、中国农业大学、北京市种子公司、中国种子集团、奥瑞金种业股份有限公司、克劳沃草业公司等单位，每年通过引进、交换等交流形式，与国内其他科研单位或企业交流的种质资源数量达 2.39 万份，涉及的作物包括玉米、水稻、油菜、番茄、甘蓝、黄瓜、辣椒、甜瓜和胡萝卜等。北京平均每年还从国外引进种质资源约 1 905 份，向国外提供约 1 930 份。丰富的资源为北京开展种质创新和培育特异性品种以及开展交流合作奠定了基础。

（二）北京会展农业发展优势

1. 科技优势提供了北京会展农业发展的前提

根据调查，北京市聚集了 61% 的国家重点农业试验室，约有 24% 的涉农国家工程技术研究中心，同时还有众多全国一流的农业高校、院所，具备了开展农业新品种、新肥料、新农药、新技术和新农机具研发，农业高端产业和农产品加工业培育，以及涉农高端人才培养的优良基础。为加强农业科技自主创新、引领现代农业发展，2010 年 8 月，国家科技部、农业农村部与北京市启动建设了“北京国家现代农业科技城”。北京农科城充分发挥科技示范引领作用，以实现高端服务、总部研发、产业链创业和先导示范四大功能为主线，突出以现代服务业引领现代农业、以要素聚集武装现代农业、以信息化融合提升现代农业、以产业链创业促进现代农业的 4 个特征，提升农业科技自主创新能力和打造农业高端产业。北京农科城相继建成了农业科技网络、农业科技金融、农业科技创新产业促进、良种创制与种业交易、农业科技国际合作交流5个国家级农业科技支撑服务平台，昌平园、顺义园、延庆园和通州国际种业园已形成了产业特色鲜明、发展模式先进、示范作用显著的农业科技园区；北京农科城与科技部、山东省、陕西省共同签署了一城两区农业科技协同创新战略结盟协议，并发起成立了国家农业科技园区协同创新联盟，成功构建了大联合和大协同的联动服务体系，协同推进全国农业园区发展形势喜人。

近年来，北京市科委不断加大科技支撑力度，在种业、农业信息化等方面取得了显著成效。支持北京农科城良种创制与种业交易中心和通州国际种业园从“良种创制—成果托管—技术交易—良种产业化”四大环节入手，开展科技创新，巩固了北京作为全国种业科技创新中心、研发总部聚集中心、交易交流中心和产业科技创新服务平台的地位。目前，北京农科城现代农业育种服务平台和种业科技成果托管平台聚集了56个单位和7位院士在内的国内外500多名高水平专家，集成500多台（件）仪器设备、40余万份种质资源。引进“千人计划”“海聚工程”等在内的70名海外高层次人才到北京农科城创新创业，联合了20个涉农国家级工程技术研究中心、25个国家工程中心、52个国家重点实验室、110多家龙头企业开展农业科技创新研究与转化，建立了230余家农业企业、科研院所为成员单位的首都新农村科技服务联盟为农科城服务。

通过实施协同创新驱动战略，北京农业科技贡献率达到69%，高出全国平均水平16个百分点，接近发达国家水平。北京农业高端产业成效令人瞩目。科技使北京农业美誉度越来越高。北京农业不是最大的，但是是最好的。以葡萄产业为例，中国的葡萄种植面积居世界第四，产量居世界第一。而在葡萄科研方面，中国也走在世界前列。2012年，世界范围内这个领域有10个团队，发表的具有国际影响力的科研论文超过15篇，其中有4个是中国的，而这4个团队全都在北京的中国科学院植物研究所。据统计，北京有44家国家级和市级涉农高校和科研院所，占据着全国农业科研领域的制高点，科研基地遍布京郊。再如，位于通州的金福艺农农业科技示范园，在钢架大棚里生产番茄，一年收三茬，亩产值高达 45 万元；在延庆的马铃薯产业园，有全国最大的马铃薯育种企业，年产微型薯 1.5 亿例，占全国总产能的 1/10。同时，北京都市型现代农业的发展水平也是全国领先，世界知名。从 2003 年开始，北京就提出发展都市型现代农业，不再只关注农业的生产功能，更注重它的生态价值、服务价值。从那时起，休闲农业兴起，根据北京市统计局数据，北京现有观光园 1 165 个，14 条穷山沟变成大景区，乡村旅游蒸蒸日上，为会展农业的发展打下基础。

2. 资金优势提供了北京会展农业发展的资金保障

北京作为首都，政府公共资源丰富、生产服务业发达，吸引外资和总部经济能力强，资本集中程度高。在北京 CBD，3 万多家企业中，世界 500 强就有 200 多家。70 家跨国公司的地区总部设在这个区域，占到北京的七成；在金融街，近 150 万平方米的区域，是北京乃至全国金融资源最集中的地方，集中了央行、银监会、证监会、保监会，全国 1/3 的商业性银行和 60% 的保险集团把总部设在此处，这些金融机构的资产规模已经超过了 65 万亿元，占全国比例接近一半。北京作为政治、文化和国际交往中心的功能定位，经济实力迅速提升，2019 年北京财政收入 5 817.1 亿元，强大的资金实力，为会展农业发展提供了资金保障。

3. 设施优势提供了会展农业发展基础

北京成功举办的一批有影响的国际农业会议，建成了一批会展农业基础设施，推动了农村地区路网、景观设施与环境建设，为发展会展农业提供了很好的基础设施保障。第七届世界草莓大会后，北京市农委、昌平区人民政府充分利用第七届世界草莓大会场馆——草莓博览园，采用“三馆两园”寓农于乐的运作方式，在北京市昌平区草莓博览园已经连续举办了7届北京农业嘉年华，为农民和消费者搭建一个交流、互动、发展的良好平台。目前，北京已建成有昌平区草莓产业、顺义区花卉产业、丰台籽种、延庆葡萄产业及通州食用菌等产业基础设施。

（1）昌平区草莓产业基础设施情况。昌平区建有草莓博览园、农业产业科技促进中心（培训展示中心）、电子交易中心和加工配送中心。其中的草莓博览园规划占地500亩，配建现代化连栋温室4.4万平方米；“三中心”占地44亩，总建筑面积3.5万平方米。此外，昌平区还建设了3个草莓基地：一是草莓生产基地。草莓生产基地总体规划范围是，北起京密引水渠、南抵温榆河，西临东沙河、东至顺义界，涉及辖区东部的兴寿、崔村、小汤山、百善、南邵、沙河等6个镇，分为产业核心区和辐射带动区。其中，产业核心区兴寿镇，东西以麦辛路为主线、南北以安四路为主线，呈“金十字”架构，大力发展以日光温室为主的设施草莓生产，配套水、电、路等基础设施，辐射带动区包括其余5镇适宜发展草莓产业的区域，呈多群落分布。二是草莓种苗繁育基地。在辖区内以及河北、内蒙古等地选择高海拔适合草莓种苗繁育的冷凉地区建设草莓种苗繁育基地6 000亩，为草莓产业升级提供优质脱毒种苗。三是草莓加工、流通和储运基地。在草莓主产区建设建筑面积1.5万平方米，设计日加工能力200吨、日交易量500吨、冷藏能力2 000吨的加工交易中心。主要承担草莓及相关产品的加工、存储、配送和交易等功能。第七届世界草莓大会后，昌平开建草莓重点功能实验室，昌平正在成为辐射带动全国的草莓产业科技研发基地、种业基地。

（2）顺义区花卉产业基础设施。顺义借助第七届中国花卉博览会搭建的花卉产业发展平台，兴建了主展馆、物流中心、室外展区、国际鲜花港、和谐广场等五大花卉展区。其中，主展馆9.96万平方米，物流中心6.3万平方米，交易中心7 500平方米和场地占地26.8万平方米的花博会室外展区。主展馆作为永久性的以花卉为主的鲜活农产品的专业展馆，与相距 4 000 米、展览面积40 万平方米的中国国际展览中心新馆遥相呼应，形成北京新会展核心区。物流中心展后引进期货交易、电子商务、鲜花配送等现代化交易方式，依托首都国际机场的优势，打造成一个现代化的花卉物流中心，实现国内外花卉在这里汇集和分销。顺义国际鲜花港总体规划 4 平方千米，是北京市政府规划的北京市唯一的专业花卉产业园区，目前已成为北京市花卉的生产、研发、展示和交易中心，以及花卉的休闲观光和文化交流中心。

（3）丰台籽种农业基础设施。丰台区借助 2014 年世界种子大会在丰台举办之际，规划建设了包括会议中心、会展中心、商务中心，以及庄户籽种展示基地的世界种子大会场馆。3 个中心建筑总面积约 37 万平方米，基地占地面积约 33 万平方米，总投资大约 36.5 亿元。庄户籽种展示基地面积约 28.84 公顷，分为展馆展示区、温室展示区、露地展示区三大功能区。种子检测检验实验室总面积 1 800 平方米，建有国际 ISTA 标准检验室 12 个，可检测蔬菜、花卉、大田作物和牧草四大类种子。从根本上解决我国种业产业链下游种子质量检测技术落后的问题。

（4）延庆葡萄产业基础设施。借 2014 年世界葡萄大会举办之机，延庆重点打造了一条北京最大的“葡萄与葡萄酒庄产业带”，一个万亩千种鲜食葡萄产业园，一个葡萄大会主会场和国家级葡萄科研与产业服务中心、国家级葡萄酒质量鉴定评级中心、葡萄及葡萄酒交易中心。葡萄酒庄产业带位于延庆区北山旅游观光带内，全长 50 千米，葡萄种植规模约 6 万亩，计划通过招商引资建设特色酒庄 30 ~ 50 家。集五星级酒店、康体中心、会议中心于一体的辉煌国际度假区重点围绕葡萄酒产业，按照高端一流标准建设葡萄酒庄设施，为延庆打造生态涵养发展区休闲旅游产业、推动经济发展助力提供支撑。

（5）通州食用菌产业基础设施。借势第 18 届国际食用菌大会，通州区成立了食用菌产业园。通州食用菌产业发展核心区位于永乐店镇，总占地面积 1 500 亩，新建了食用菌菌种育繁场、杏鲍菇工厂化生产示范场、中国食用菌品种展示园、中国食用菌设施生产模式展示园、北京林菌生产模式展示园和食用菌文化馆，主要展示中国式食用菌菌种生产模式、中国食用菌主要品种和配套栽培模式。通州逐步形成了以永乐店镇孔兴路、漷县镇觅西路、漷大路以及西集镇通香路沿线为基础的食用菌产业带，并形成完整的产业链条。通州正计划以永乐店产业发展核心区为平台，举办一年一度的“北京蘑菇文化节”、建立“食用菌休闲体验农庄”、开设“通州食用菌旅游专线”等一系列项目，吸引城乡居民来通州了解食用菌历史文化和科普知识、亲手种植食用菌、采摘食用菌、现场制作和品尝食用菌食品。

4. 农业会展活动提供了会展农业发展的资源

农业会展是会展农业的资源条件。进入 21 世纪以来，北京农业会展得到快速发展，会展活动种类繁多，使全世界最新、最好的农业技术和人才向北京聚拢。北京农业会展快速发展主要体现为：

（1）世界级农业会议接踵落户北京。截止到 2019 年，北京已经举办多项国际、国内农业会议与论坛。继 2012 年世界草莓大会之后，北京先后举办了 2012 年世界食用菌大会、2014 世界种子大会、2014 世界葡萄大会、2015 年世界马铃薯大会、2016 年世界月季洲际大会、2019 年世界园艺博览会，落户北京的世界农业大会数量之多，级别之高，前所未有，具体见表 4。以农业科学技术交流为主要目标的专业性、学术性会议，一方面展示了北京的农业科研成果、农业生产的科技水平等，另一方面也开阔了北京农业科研、生产、流通等领域人员的眼界，同时还促进了北京市与国际、国内农业科技合作与交流。世界级农业大会在开展学术交流的同时，增加了商务活动内容，起到了推广农业科技成果与疏通农产品流通渠道的双重作用。

表 4　北京郊区举办的主要农业会议与论坛统计表

农业会议与论坛名称	举办区县	举办时间	主办机构名称	主要内容	区域农业产业基础
第四届世界板栗大会	密云县	2008 年 9 月 25—28 日	国际园艺学会（ISHS）	以学术报告和成果展示的方式：2008 国际果品经贸洽谈会、飘香物美—密云农产品品牌推介、农产品品牌及包装设计大奖赛等系列活动。	密云板栗种植面积达到 20 000 公顷，占全市的 48%，产量占全市的 54.1%；已经形成了“龙头加工企业 + 专业合作社 + 生产基地”的产业化链条；80% 以上的板栗出口日本、东南亚、韩国和欧美等国家和地区。2004 年 12 月，被授予“中国板栗之乡”荣誉称号。
第七届世界草莓大会	昌平区	2012 年 2 月 18—22 日	国际园艺学会（ISHS）	由学术会议和综合博览活动组成，在学术研讨交流的基础上，进行新成果展示、产业投资洽谈等活动。	2011 年草莓总产量达 1 200 万千克，年收入突破 2.4 亿元，每栋草莓日光温室大棚年均纯利润 3 万元以上。
第十八届世界食用菌大会	通州区	2012 年 8 月 26—30 日	国际蘑菇学会	食用菌产业现状与发展展望、生产技术、食用菌营养与健康等项内容，通州区承担观摩展示任务。	以林菌间作、日光温室、工厂化等多种食用菌生产模式，年产金针菇、白灵菇、香菇、双孢菇、木耳、平菇等各类食用菌 10 万吨，占全市食用菌产量的 70% 以上。

（续表）

农业会议与论坛名称	举办区县	举办时间	主办机构名称	主要内容	区域农业产业基础
第七十五届世界种子大会	丰台区	2014年5月24—28日	国际种子联合会（ISF）	举办贸易洽谈、展览展示、品种展示等11项活动，召开种子应用技术委员会会议等七场内部会议，以及育种家委员会开放会议等八场公开会议。	举办过19届北京种子交易会，为京郊引入的设施栽培蔬菜品种达到150多种，优质蔬菜面积达到15万亩，特菜栽培面积达到6万多亩，在王佐镇庄户村设立占地约300亩的展示基地。
第十一届国际葡萄遗传与育种会议（世界葡萄大会）	延庆区	2014年7月28日—8月8日	国际园艺学会（ISHS）	学术会议与产业发展研讨紧密结合，举办北京首次国际葡萄酒博览会，组织参观我国具有自主知识产权酿酒品种‘北红’和‘北玫’为原料的首个葡萄酒庄——北京圣露葡萄酒庄；组织参观植物所葡萄种质资源圃和新品种展示圃等。	全区种植葡萄面积近2万亩，年产量680万千克，位居京郊之首。2011年引进国内外名特优新葡萄品种及濒临灭绝的葡萄品种635个，葡萄品种将达到上千个。
2015年第四届中国兰花大会暨首届北京国际兰展	房山区	2015年4月20日—5月20日	中国植物学会兰花分会	举办大规模的兰花学术研讨、产业发展论坛。	房山区共有29个花卉企业，3个花卉市场；全年生产鲜切花56万支，盆栽植物1 417万盆，草坪112万平方米，种植面积623万平方米，产值1.4亿元；近年来，花卉产业的发展共带动农户97户，解决就业600余人。

（续表）

农业会议与论坛名称	举办区县	举办时间	主办机构名称	主要内容	区域农业产业基础
第九届世界马铃薯大会	延庆区	2015 年 7 月	世界马铃薯大会公司	世界马铃薯大会公司、世界粮农组织、国际马铃薯中心等机构代表和专家主题发言，7 个研讨专题及贸易展览。	拥有中国最大的种薯生产企业，微型薯年生产能力 1.5 亿粒，接近全国总产能的 10%。
2016 世界月季洲际大会	大兴区	2016 年 5 月 18—24 日	世界月季联合会	通过 16 场国际学术报告会和一场国际育种论坛，各国专家交流月季栽培、造景、育种、文化等方面的研究进展及成果，展示新品种、新技术、新应用。	魏善庄有一个占地 2 000 余亩的月季生产基地，这里年产月季 1 200 万株，是北京市最大的月季出口基地。
2019 年世界园艺博览会	延庆区	2019 年 4 月 29 日—10 月 7 日	国际园艺生产者协会	园区规划总面积 960 公顷，规划两个景观轴，人文景观带、科技景观带、绿色景观带 3 个景观带，设立核心展览区、园艺展示区两区，世园主场馆、历史与未来馆、热带植物馆、中心演艺馆、绿色趣味馆 5 个主题馆，以及公共、五洲、园艺企业、种质资源、园艺科技、绿色环境、绿色生活、世界园艺文化、世界主题花园 9 个展示园。	延庆是一座花卉之城，花卉种植历史悠久，全区有 328 个露地花卉品种、5 万亩花卉种植面积，实现年总产值 1 亿元，目前已成为北京市花卉种植面积最大的区和重要的花卉育种及生产基地。延庆作为冷凉花卉和球根花卉的生长种植带，在种植和产业发展上已经形成了一定的规模。

（2）北京市内举办的农业展示与交易会方兴未艾。除国际、国内大型农业会议外，以农产品商贸洽谈交易为主要目标的各类展览会，是农业会展的主流，也是发展会展农业的主要平台和抓手。北京比较有影响的农业展示与交易平台有北京国际鲜花港特色农业花卉展、北京种子大会、北京农业（顺义）博览会和北京农业嘉年华。

北京国际鲜花港特色农业花卉展。北京国际鲜花港位于顺义区杨镇，总体规划 4 平方千米，是北京市唯一的专业花卉产业园区，北京市主办的 2009 年第七届中国花卉博览会的重要功能组团之一，是北京市花卉产业发展的窗口。花博会后，北京国际鲜花港开始着力举办“三节、一展、一会”，即每年举办的郁金香节、月季节、菊花节、迎春年宵花展和每三年举办一次的自主品牌的花博会。北京国际鲜花港通过举办特色的农业花卉展不断地集聚花卉产业高端资源，品牌影响力已跃居全国第一。目前，北京国际鲜花港吸引了美国杜邦先锋北京技术中心、瑞士先正达、北京花木公司等国内外知名涉农企业入驻，鲜花港逐步发展成为北京市花卉生产、研发、展示和交易中心，以及花卉休闲观光和文化交流中心，成为北京市乃至我国北方地区的花卉产业聚集中心，对拉动北京乃至国内的花卉产业起到非常强的推动作用。

北京种子大会。北京种子大会始于 1992 年，源于北京丰台种子交易会，截止到 2019 年，已成功举办二十七届。经过 20 多年的发展，北京种子大会已发展成为国内最具规模、最具档次、最具影响力的种业品牌会展，是北京市建设国家现代种业创新试验示范区、打造“种业之都”、开展现代种业交易、交流、展示活动的重要载体。据不完全统计，第 27 届北京种子大会共有国内外 670 余家种子企业、120 余家名优特农产品企业、100 余家北京帮扶地区涉农企业参会、参展、交易、展示，日均高峰客流 3.6 万人次，会期累计客流 8 万人次参展观摩。大会期间参展商种子、种苗交易、签约额近 5 亿元，意向农产品交易额 12 亿元。

北京农业嘉年华。北京农业嘉年华于 2013 年首次举办，每年一届至 2019 年已举办 7 届，会期为每年的 3 月中旬至 5 月上旬，共 58 天，举办地位于昌平区草莓博览园。北京嘉年华非常注重区域产业联动作用以及对昌平相关产业的辐射带动作用。通过场馆设置、景观创意、板块策划，将农业嘉年华打造成集展示农业产业、全域旅游产业、文化创意产业、科技创新产业于一体的优质平台，同时通过与农业、旅游、文创、科创等区域优质企业合作，推动嘉年华特色品牌打造，促进产业发展。

（3）京郊举办的农业节庆活动丰富多彩。北京举办的农业节庆活动种类繁多，有区县级的、乡镇级的，也有园区自己搞的，平均每个区县有 4 ~6 个，基本上都是依托当地的优势资源和特色产业开展的。全市有一定影响的农业节庆活动约 60 多个。如怀柔依托板栗这一主导产业开发了虹鳟鱼美食节、栗花节等；平谷依托大桃这一主导产业开发了桃花节；大兴开发了梨花节、桑椹文化节、西瓜节；昌平开发了苹果节、草莓节等；门头沟开发了京白梨采摘文化节；顺义开发了农业博览会；通州开发了葡萄节、金秋捉蟹节等；密云开发了鱼王美食节、板栗文化节等。北京郊区所举办的主要农业节庆活动见表 5。

（三）北京会展农业主要类型

进入 21 世纪以来，伴随着一系列世界性农业大会及区域性农业会展活动的成功举办，北京会展农业得以快速发展。从北京会展农业的实践看，北京会展农业的类型主要有生产型、展示型和体验型。

1. 生产型会展农业

北京郊区的生产型会展农业种类很多，成规模有影响的如昌平的草莓、顺义的花卉、平谷的大桃、大兴的西瓜、延庆的葡萄、通州的食用菌、房山的磨盘柿等，成为带动周边农业产业发展的引擎。

表5　北京郊区主要农业节庆活动一览表

序号	节庆名称	举办区县	举办时间	举办届数	活动主要内容	产业基础	备注
1	蟹岛农耕文化节	朝阳区	4月	14	“认种耕田”“阳台蔬菜”等	北京蟹岛位于朝阳区金盏乡，占地220公顷。90%左右的土地用于有机农业生产，10%左右的土地用于发展旅游业。	“以园养店，以店促园”，开辟了一条高效的农业旅游途径，形成了“农游合一”的综合模式。
2	蟹岛螃蟹节	朝阳区	9—10月	21	钓蟹、玩蟹、品螃蟹美食等	北京蟹岛位于朝阳区金盏乡，占地220公顷。90%左右的土地用于有机农业生产，10%左右的土地用于发展旅游业。	“以园养店，以店促园”，开辟了一条高效的农业旅游途径，形成了“农游合一”的综合模式。
3	海淀樱桃文化节	海淀区	5月下旬—6月下旬	19	市民观光、采摘、品尝樱桃	海淀区有樱桃3 000亩，年产近百万斤（注：1斤=0.5千克。全书同），以樱桃采摘为主的农业观光采摘园有30余个。	主要分布在苏家坨镇、温泉、四季青等西山一线。
4	冬枣采摘节	海淀区	9月下旬—10月	17	冬枣采摘，参观农业种植园	全区冬枣种植面积5 000余亩，年产冬枣百万斤，全部通过无公害食品认证。	
5	丰台大枣文化节	丰台区	8月下旬—10月	13	大枣采摘、大枣评比赛、民俗旅游	长辛店镇有枣树12 000亩，大枣种植户142户，覆盖品种300多个。销售30万千克，大枣年收入达到360万元。	办节宗旨为“以枣为媒，广交朋友”。
6	雁翅苹果节	门头沟区	10月下旬—11月	7	寻找雁翅果王，七彩雁翅摄影大赛，民俗表演，蹦蹦戏和威风锣鼓等	永定河沿岸以太子墓红富士苹果种植为龙头的苹果种植园3 650亩，年可产优质苹果150万千克；大村地区已发展薄皮核桃、大杏扁2 000亩；田庄地区建成了占地1 000亩的红头香椿标准化基地2个。	活动主题为“走京西南石洋大峡谷，品雁翅太子国宴苹果”。

（续表）

序号	节庆名称	举办区县	举办时间	举办届数	活动主要内容	产业基础	备注
7	京白梨采摘节	门头沟区	8月底—9月初	22	品尝树王京白梨及评选、京白梨树王果实现场拍卖等	军庄是京白梨的原产地，有着400多年种植历史。现有2 000亩的梨树（全区有4 000亩），年产20多万斤。	“生态发展、综合服务、养生乐园”三重理念。
8	法城蜜蜂节	门头沟区	8—9月	7	蜂蜜销售、民俗旅游等	法城村现有蜂农63户，蜂群有1 250群，年产蜂蜜8万千克，养蜂总收入120多万元，有蜂业合作社。	
9	琉璃河梨花节	房山区	4月初	12	特色小吃、摄影展，农产品展销	琉璃河镇万亩梨园，梨树有两三百年以上。	
10	张坊金秋采摘节	房山区	9—11月	20	中国磨盘柿柿子王擂台赛、柿乡秋色摄影大赛、品味民俗赏大戏等	磨盘柿是张坊镇的主要产业，现已注册“张坊磨盘柿”品牌，有12个村共1.7万亩柿树，总产量有650万千克。	
11	南窖金秋九九大桃采摘节	房山区	7—8月	20	观光采摘高山大桃	南窖乡花港村在煤矿关闭后从发展特色农业，桃园种植面积已达到500亩，年产量达10万千克，实现利润50万元。	

（续表）

序号	节庆名称	举办区县	举办时间	举办届数	活动主要内容	产业基础	备注
12	昌平苹果文化节	昌平区	10—11 月	16	苹果评比、果品展示、长走大赛、摄影采风大赛、骑行	20 世纪 80 年代，昌平确定了以苹果为主山前暖带果业发展方针，昌平优势区域范围内的兴寿、崔村、南邵、十三陵、南口、马池口、阳坊等镇苹果种植面积占全区 73.3%，亩产量高品质好。	
13	北京鲜食玉米节	昌平区	7—9 月	5	提供优质鲜食玉米供市民品尝，并向市民推介优新品种、优质生产基地和优秀销售企业等鲜食玉米产业信息，采摘鲜食玉米	优质高端鲜食玉米在北京种植面积达到 35 000 亩左右，在京郊各个区均有种植，房山、密云等区种植面积较大，延庆等区新增面积较大。	
14	顺义农博会暨旅游文化节	顺义区	9 月	9	种羊、种猪评比大赛、养羊业专家论坛，农产品包装评比大赛、果品大赛、观光采摘活动等	顺义区耕地 70 万亩，其中菜田 16 万亩，果林面积 13.5 万亩，水产养殖面积3 万亩。先后建起了一批专业化、规模化猪场、鸡场，涌现出一批蔬菜、瓜果基地镇，初步形成了贸工农一体化、产加销一条龙的副食品生产体系，主要副食品产量占郊区商品总量的 1/4。	
15	郁金香文化节	顺义区	4—5 月	2	郁金香观赏	室外展示区占地面积 117 亩，企业精品展示区面积 28.2 亩。	

（续表）

序号	节庆名称	举办区县	举办时间	举办届数	活动主要内容	产业基础	备注
16	菊花文化节	顺义区	9月	3	花卉擂台赛、新品种展示、文化活动	以北京国际鲜花港为主会场，展区达2万多平方米，各类菊花优良品种多达1 000多个。	
17	大樱桃采摘节	通州区	5—6月	2	樱桃采摘、运河龙舟赛、徒步游	现有13 000亩樱桃地，产量达150万千克。拥有100亩樱桃地的农户有10家。修建了樱桃品种展示园，品种多为国外引进先进品种，主打品种有10余种。	
18	葡萄采摘节	通州区	7—10月	8	葡萄采摘，民俗旅游	张家湾种植葡萄4 000多亩。	
19	宋庄梨文化节	通州区	4—5月	5	梨采摘，民俗旅游	宋庄有5 000多亩地梨树，梨品种17个，种植历史20年以上。	
20	庞各庄梨花节	大兴区	4月12—22日	17	踏青赏花、野炊度假、植树认养、感受民俗、品尝特色风味小吃等	核心区位于大兴庞各庄镇万亩梨园，现存百年以上的古梨树有3万株，是全国稀少的平原古梨树群落。	“以文化立形象，以情结聚人气，以展示育商机”的办节理念。
21	安定桑葚文化节	大兴区	5月22—26日	2	桑葚采摘、生态旅游、特色农产品销售等	安定镇御林古桑园有着上千年的种桑历史，拥有华北最大、北京地区独有的千亩古桑园，是集观光、采摘、休闲、科普游戏为主的综合性农业观光科普园。	以古桑园、次生林原生态风貌为依托，注重桑农参与，展示桑文化，突出文化氛围，推出安定古桑国家森林公园自然生态旅游。

（续表）

序号	节庆名称	举办区县	举办时间	举办届数	活动主要内容	产业基础	备注
22	大兴西瓜节	大兴区	5月28日—6月1日	23	文艺表演、经贸洽谈、观光旅游、商品展销、西甜瓜擂台赛等	大兴每年西瓜种植面积8万亩左右，西瓜总产2.6亿千克，种植面积、产量均居京郊之首。西瓜种植以庞各庄地区为中心，周边6镇所辖的200多个村庄均以种植西瓜为业。	按照“以文化立形象，以情结聚人气，以展示育商机”的节庆理念，“以瓜为媒，广交朋友、宣传大兴，发展经济”的办节宗旨。
23	采育葡萄文化节	大兴区	8月18—22日	11	葡萄擂台赛、招商引资及采摘等系列活动，参观游览葡萄研究所、葡萄博物馆以及葡萄园特色酒吧及文化展厅	全镇4 300户的农民种植葡萄，从业人员1.2万人，葡萄年产值5 000万元，全镇葡萄总销售量达2 100万千克，总销售额达6 300万元。	“展古镇风貌，扬葡萄文化，促经济发展，富采育人民”的办节宗旨。
24	春华秋实品牌推介活动	大兴区	9月上旬	2	中国梨王擂台赛、大型文艺晚会、绿色安全农产品展示促销、经贸洽谈、走进大兴、融入自然系列主题旅游活动	大兴区现有蔬菜22万亩，西甜瓜10万亩，甘薯4.5万亩，果树20万亩，果品生产通过开发沙荒地，大力发展了梨、桃、葡萄。	围绕“大兴——首都新世纪发展空间”主题，全面宣传大兴区良好的自然生态环境、投资发展环境、绿色家居环境，提升大兴整体形象，打造大兴经济发展的系列品牌，加快经济发展。

（续表）

序号	节庆名称	举办区县	举办时间	举办届数	活动主要内容	产业基础	备注
25	北京月季文化节	大兴区	5—10月	11	主题论坛、文化交流、休闲旅游等系列活动，普及市花月季文化知识，弘扬市花文化，展示首都生态文明成果，同时进一步提高“月季小镇”知名度	北京月季种植面积已达2.5万亩，大兴区月季园区达到5 000亩。	
26	平谷国际桃花节	平谷区	4月17日—5月7日	11	大型活动14项	平谷区大桃为主的果树面积发展到35万亩，设施大桃面积8 000亩，果品总产达到1.6亿千克，其中大桃产量1.2亿千克，荣获中国果品学会授予的“中国桃乡”称号。	以“中国乐谷，乐动平谷，平谷桃花，花美天下”为主题，以打造中国乐谷国际化产业品牌为目标，以音乐和桃花为媒介，搭建交流合作平台。
27	平谷国际生态旅游文化节	平谷区	5—10月	4	养生大会和采摘鲜桃、大枣、苹果和梨等果品系列活动等	平谷区绿色绵延，水系河谷，是休闲养生的好去处。平谷区是中国首批生态环境示范区。	以“疗养+养生”为主题。

（续表）

序号	节庆名称	举办区县	举办时间	举办届数	活动主要内容	产业基础	备注
28	红杏采摘节	平谷区	4—5月	8	红杏采摘、民俗旅游	熊儿寨乡5 000亩杏花陆续绽放、争气斗艳；5月底，开始红杏采摘节。	
29	国际虹鳟鱼美食节	怀柔区	5—10月	5	小吃夜市、土特产品展销		
30	桥梓镇大枣节	怀柔区	9—10月	2	大枣类果品评比、枣树王和枣王评比擂台赛、健康“枣”知道徒步走等	桥梓镇已建设优质大枣基地3万亩，可采摘面积2万亩，包括“尜尜枣”、梨枣、金丝枣等近100个品种，已建成凤欢、凤迎、凤妮等5个大枣观光采摘园。	
31	密云农耕文化节	密云区	4月18日—6月30日	5	农耕与农事体验、“密·春”摄影大赛等10项	张裕爱斐堡国际酒庄、黑龙潭景区、云蒙山的映山红观赏、古北口文化文物旅游区、青菁顶土地认养以及云峰山景区品台湾农家美食等。	
32	密云鱼王美食节暨金秋采摘节	密云区	9—11月	9	水库鱼放养、开库庆典、鱼王拍卖、赶鱼集、捕鱼大赛、摄影大赛、户外野钓、野外寻宝等	石城、不老屯、新城子等13个镇的42家采摘园里采摘到有“黑珍珠”之称的石城板栗，以及黄土坎鸭梨、苹果、核桃、葡萄、李子、梨枣、雪枣等10多种干鲜果品。	

（续表）

序号	节庆名称	举办区县	举办时间	举办届数	活动主要内容	产业基础	备注
33	延庆杏花节	延庆区	4月18日—6月10日	10	踏青赏花游、植树种绿游、寻根祭祖游、民俗文化游	延庆是全国杏产业十强县之一，共有不同种类的杏树约20万亩	以“休闲延庆，踏青赏花”为主题。
34	延庆葡萄节	延庆区	9—10月	10	葡萄观光游和采摘体验游	延庆张山营镇葡萄种植面积1.3万亩，出产的红地球、黑奥林和里扎马特3个品种在全国葡萄鉴评会上获得金牌，其“红地球”葡萄获称“中华名果”，该镇也被授予“全国优质葡萄生产基地”的荣誉称号。	
35	延怀河谷葡萄文化节	延庆区、怀来县	9—10月	3	葡萄擂台赛、葡萄观光游和采摘体验游	怀来有1 200年葡萄种植历史，葡萄种植面积10万亩，葡萄酒加工能力15万吨，葡萄酒销售量5万吨，葡萄酒企业39家；延庆处于北纬40°，是葡萄种植的“黄金带”，在葡萄产业和技术方面拥有独特的优势，2014年葡萄种植面积达2.5万亩，居京郊之首。	

以北京草莓产业为例，借助举办第七届世界草莓大会的契机和每年一度的北京农业嘉年华的举办，昌平以北京市农林科学院及中国农业大学、北京农学院等为技术依托，以兴寿镇等现有草莓生产基地为载体，充分利用农业高科技技术，重点完善草莓品种研发、技术培训、产后加工、文化创意等功能，加快建立全国草莓种子资源库与草莓示范展示中心，逐步形成辐射华北地区乃至全国的精品草莓链。昌平区建立了中国草莓种质资源基因圃和6 000亩种苗繁育基地，储备国内外草莓品种资源135个、先进栽培模式17种，草莓产业不断升级发展，昌平草莓入选为国家地理标志性产品。昌平区现有1 500多户农民从事草莓种植，上万人通过草莓产业实现了就业增收。作为昌平区的农业主导产业，近5年来，草莓产业年产值最低的年份达3.19亿元，最高的年份达到4.62亿元，占昌平地区农业总产值40%以上，有的年份甚至超过50%，已经成为昌平区农业经济发展中一个不可替代的产业。

2. 展示型会展农业

近年来，北京郊区的展示型会展农业，以为农业会展服务和与农业旅游联姻为特征，也得到了迅猛发展。目前，具有一定影响展示型会展农业主要有丰台庄户籽种展示基地、通州于家务南瓜主题公园、大兴庞各庄西瓜博物馆等。以庄户籽种展示基地为例，位于丰台区王佐镇庄户村的种业基地始建于2005年，为满足世界种子大会的需要在2014年年初完成了整体升级改造，是一座集农业生产展示和展览于一体的现代化综合农业设施，9 000平方米的展馆展示区、29 000平方米的温室展示区、54 000平方米的露地展示区，展示面积92 000平方米。庄户籽种展示基地依托北京种子大会的举办，连续10多年为北京种子大会提供新品种展示观摩配套服务，这一特色活动有力提升了北京种子大会的业界影响力和知名度。目前，庄户籽种展示基地成为北方地区规模最大的蔬菜品种展示观摩基地，促进丰台区形成以品种展示为特色、以种业交易为核心的种业产业发展定位。同时，品种展示基地内拥有的国内首家种业主题展示中心，具有新奇特的品种展示优势，能够与丰台河西地区旅游产业发展相结合，打造成集观光、采摘、休闲、体验、科普、教育等功能于一体的观光休闲农业示范园，助力丰台河西王佐镇打造国际化花园式旅游小镇，促进丰台都市型现代农业的发展。

3. 体验型会展农业

为拓展农业的休闲体验功能，北京郊区的体验型会展农业也得到了快速发展，比较知名的有大兴的“绿海甜园，时尚体验”和“春华秋实”赏花与采摘果实体验，以及朝阳的蓝调薰衣草庄园、密云紫海香堤香草艺术庄园等。大兴区明确了以“绿海甜园”为基调的会展农业发展基础，“时尚体验”是大兴农业节庆活动发展的动力和方向，开创性地打出“体验旅游”的品牌，在“生态”和“时尚”两个主题上大做文章，以农业资源为基础，开发了丰富多彩的旅游产品，营造北京的“体验之都”。大兴区自 1988 年举办首届西瓜节至今，每年 5 月 28 日举行的西瓜节已经成为大兴区一个重要的文化品牌和形象宣传工程，在国内外获得了较高声誉。以西瓜为核心，通过举行西瓜花车游行、“西瓜女王”与“西瓜公主”的评选、西瓜雕刻艺术大赛、西瓜大战等农业节庆活动，大幅增加了参与性、动态性、娱乐性活动项目，使西瓜节成为北京市民及国际游客狂欢的王牌节日。大兴西瓜种植以庞各庄地区为中心，周边 6 镇所辖的 200 多个村庄均以种植西瓜为业，其中以庞各庄西瓜最为著名。大兴每年西瓜种植面积达 8 万亩左右，总产 2.6 亿千克，面积、产量均居京郊各区县之首。

（四）北京会展农业的成效

目前，北京已经初步形成籽种、草莓、食用菌、花卉、西瓜和葡萄六大支柱会展农业的产业带，农业产业也正在以会展农业为导向加快向这些产业带聚集，农业附加值呈几何级数增长。

1. 北京籽种产业

自1992年以来，北京种子大会在丰台区已连续成功举办27届，已成为全国种业交流合作的国家级盛会，为全国种业发展成功搭建了信息交流的平台，推动和带动了北京籽种产业的发展。目前，籽种业已经成为北京农业经济的重要组成部分，北京籽种业发展取得如下成效。

（1）在籽种研究领域取得重要研究成果。由北京市农林科学院蔬菜研究中心平台牵头，联合中国农业科学院、深圳华大基因科技有限公司、美国康奈尔大学、荷兰瑞克斯旺等优势单位，完成了世界首张西瓜基因组序列图谱绘制与破译，获得了高质量的西瓜基因组序列图谱，完成了由中国主导完成的世界第一张西瓜基因组序列图谱。这是植物基因组领域研究的又一重大突破性成果，标志着我国西瓜基因组学研究取得了国际领先地位。二系杂交小麦的理论研究基础，荣获2011年北京市科技技术进步奖一等奖。2012年选育出（审定、鉴定）各类农业新品种27个，育出玉米品种京单28、京科糯2000、京科968，杂交小麦品种京麦6号，大白菜品种京秋3号，西瓜品种京欣3号。京香系列草莓品种被评为“2012年北京种业最具影响力的农作物新品种”。选育的西葫芦品种“京葫36号”耐低温、耐弱光、膨瓜速度、连续坐瓜能力与商品外观等性状表现突出，比国外品种增产20%以上。同时，转化一批种业科技新成果。以玉米项目为例，京科25、京单28、京科308、京科769等品种通过雨养旱作玉米项目在北京推广达100万亩。奥瑞金种业公司以150万购买了京科308玉米新品种，与北京农科院种业、燕禾金种业、大北农金色农华、登海种业等企业合作促进了京单28、京科糯2000、中单808、DH3688等一批新品种的快速开发。

（2）形成多个在全国具有竞争力的种业品牌。北京市已逐步形成了多个种业品牌，并在全国种业中具有一定的竞争实力。如中国农业科学院蔬菜花卉研究所的“中蔬”牌蔬菜种子、北京蔬菜研究中心的“京研”牌蔬菜种子、北京市农业技术推广站的“一特”牌西瓜种子、北京奥瑞金种业开发有限公司的“奥瑞金”牌玉米种子、北京德农种业的“德农”牌种子等，这些品牌种子在国内市场份额越来越大，质量也在不断提高。2013 年，丰台区与中国农业大学合作的种业检测实验室正式揭牌，该实验室作为一个集中的平台，涵盖各种种业检测，为种子企业提供集中优质便捷的服务，也为 2014 年世界种子大会提供更有力的科技支撑。

（3）北京已经成为国内新品种的重要创新者、生产者和供给者。种业新品种审定数量是衡量种业创新发展水平的直观要素，北京市在种业新品种审定的数量和全国占比都名列前茅。以玉米为例，2011—2016 年，北京市通过国家审定的玉米品种数量占全国审定数量的 20% 左右。2016 年全国千万亩以上大品种有 6 个，北京市农林科学院的‘京科 968’和中国农业科学院的‘中单 909’位列其中。在 2013—2015 年，北京育种发明专利申请共计 738 件，占全国的 10. 3%；授权专利共计 639 件，占全国的 19%，居全国前列。作为全国种业重要创新之地，北京种业企业越来越成为创新主体，在全国审定的品种中，企业通过审定的新品种占比逐年上升，科研单位创新能力也十分强劲。2011 年北京市种业国审品种数量为 15 个，其中企业审定品种数量为 2 个，科研单位审定品种数量为 13 个，企业国审品种数量占国审品种的 13%；2016 年北京市种业国审品种数量为 13 个，其中企业审定品种数量为 8 个，科研单位审定品种为 5 个，企业国审品种数量占国审品种的 62%。这些数据表明北京市已经成为国内新品种的重要创新者。北京市常年制种杂交玉米种子面积在 45 万亩左右，常年制种杂交水稻种子面积在 20 万亩左右。2016 年，北京市种业销售额 60 亿元，约占全国种业市场的 10%，其中北京市玉米种子销售额更是占到了全国种子销售额的 20%。北京市虽然不是种子的主要生产地，却是种子的重要生产者。

2020 年，北京市 5 部门联合发布《北京现代种业发展三年行动计划（2020—2022 年）》。该计划围绕农作物、畜禽、水产、林果四大种业领域，聚焦产业体量大、带动力强且具备竞争优势的战略物种和具有本土特点、区域优势的地方物种，重点推进甘蓝等蔬菜、特色玉米、节水小麦、马铃薯、蛋鸡、生猪、奶牛、北京鸭、鲟鱼等冷水鱼、宫廷金鱼等观赏鱼、桃、乡土树种等 12 大物种产业创新高质量发展，培育具有竞争力的优良品种、优质企业和优秀品牌。未来 3 年，北京市将组织开展科技引领、产业提升、创新成果转化、发展环境优化四大行动，实施承接国家现代种业重大项目工程、种质创制及品种选育联合攻关工程、种质资源保护工程等十二项重点工程。在北京，以平谷农业科技创新示范区和通州国际种业科技园区为核心区，协同其他各区特色种业发展，布局种业科技创新、试验示范与交易交流基地，形成京内“两核、多点”的种业发展布局。在北京周边，建立环北京农作物新品种试验示范转化基地和畜禽良种繁育基地。在全国范围内，如在海南三亚、文昌重点布局北京南繁科研育种基地，在新疆、甘肃、四川等地重点布局北京良种繁育生产与加工基地。未来 3 年，北京将形成一批具有影响力的种业基础研究和核心关键技术成果，实现以基因组编辑技术为代表的育种技术创新突破；选育推广一批优良品种，选育推广 20 个以上在全国具有较强影响力和较大市场占有率的绿色优质多抗高效品种；培养一批在全国有影响力的现代种业企业，农作物、畜禽、水产、林果种业总销售额达到 180 亿元以上，带动京郊种植农户增收 10%。

2. 北京草莓产业

随着世界草莓大会和北京农业嘉年华的举办，北京通过引进、示范、推广优良品种、优质种苗和高产高效配套栽培技术体系、开展技术培训和入户指导、开办网络互动营销平台等工作，实现了北京草莓产业全面升级。昌平草莓入选为国家地理标志性产品，草莓生产规模、产量、品种不断发展壮大。2014—2017 年，北京市草莓种植面积由 618.6 公顷增至 701.3 公顷，2017 年草莓种植面积较 2014 年增加 13.4%；草莓产量由 12 200 吨增至 13 530 吨，2017 年草莓产量较 2014 年增加 10.9%。北京市各区均有草莓种植，其中昌平区、通州区和顺义区近年来种植面积持续分列全市前 3 位，2017 年分别为 185.9 公顷、172.9 公顷和 119.5 公顷。

（1）引进开发提升草莓种苗质量。2008 年北京筛选出适合观光采摘的优良品种“红颜”，快速替代口感偏酸、肉质较硬的欧美品种“童子一号”，成为京郊草莓的主栽品种。北京市草莓种植品种丰富，包括红颜、章姬、圣诞红、白雪公主、越珠、小白等。其中，红颜是最主要的品种，2017—2018 年，红颜种植面积占北京市草莓种植面积的 93.4%。为了增加“红颜”等品种的种苗繁殖率、提升种苗品质，从 2008 年开始，北京引进开发了塑料大棚营养钵育苗、高架网槽式育苗和现代化温室工厂化育苗等先进技术，种苗繁殖系数由露地育苗的 1∶15 提高到 1∶30 以上，种苗定植成活率由 80% ~90% 提高到 95% ~98%，同时基质苗定植缓苗期缩短，果实上市期可提前 7 天以上，单产提高 5% 以上，每亩效益增加近万元。目前，北京市基本形成了由科研院所、企业生产草莓脱毒原原种苗—企业繁育原种苗—企业、合作组织、农户繁育生产苗的三级育苗体系，具有原原种苗生产能力的科研院所和企业 5 家，育苗企业和农户 146 个，年产优质草莓种苗逾 5 700 万株。

（2）规范管理保障草莓优质高产高效。为了提高草莓种植技术水平，北京市农业技术推广站在全市建立草莓高产示范点 30 个，通过点上示范和面上辐射带动的方式，推广草莓日光温室高产高效栽培技术体系，高垄地膜覆盖栽培、滴灌施肥、黄板诱杀防虫、蜜蜂授粉、疏花疏果、及时采收等综合配套技术得到普遍应用，脱毒苗使用、土壤消毒、二氧化碳施肥、生物防治、基质栽培、高架栽培、基质育苗、草莓套种等技术逐渐为种植者所认可和应用。草莓果实采摘期从 12 月一直延续到翌年 5 月底，填补了冬季鲜果生产淡季的空白，也为北京市民冬春季节观光、休闲和采摘提供了很好的选择，草莓采摘给农民带来了较高的经济效益，已成为北京市不可或缺的特色产业。据调研，2015—2016 年草莓采摘销售分别占农户、合作社、种植园区草莓销售的 33.7%、31.4%、31.3%。以昌平区为例，在政策补贴、科技支撑等有利条件的支持下，目前昌平区共有 13 个镇 70 余个村，1 500 余户农民种植草莓，草莓温室约 5 000栋，草莓年产量约 640 万千克。近 5 年来，草莓产业年产值最低的年份达 3.19 亿元，最高的年份达到 4.62 亿元，占昌平地区农业总产值百分比 40% 以上，有的年份甚至超过 50%，已经成为昌平农业经济发展中一个不可替代的产业。昌平区兴寿镇荣军种植园和莹莹草莓园 2015—2017 年平均每亩效益分别为 5.3 万元和 7.0 万元，种植草莓已成为受农民欢迎的增收致富项目之一。

（3）加强培训提升草莓种植技术。为快速提升京郊草莓产业发展水平，北京加大技术培训力度，先后组织京郊草莓主产区农民赴日本考察培训；组织骨干农民赴浙江、江苏、上海和台湾等地学习草莓种苗繁育技术；举办田间学校，抓住生产关键时期解决生产问题。为引进国外先进技术，北京市农业技术推广站在北京市对外科技交流协会的支持下，先后聘请多位日本草莓专家来京指导、交流和培训。通过培训和指导，农户的安全生产意识不断深化，草莓生产管理技术迅速提高。

（4）创新模式增强草莓景观效果。2009 年，北京市农业技术推广站开始草莓高架基质栽培模式的试验示范工作，采取基质栽培、自动滴灌施肥等方法进行草莓生产。利用高架栽培草莓，管理采摘方便，果实外形美观、表面洁净，品质优良。2011 年开始示范草莓东西高垄栽培模式，草莓果实成熟期提前、产量高、品质好、果实不断茬。方便了市民的休闲观光，体现了农业旅游的人性化，创造了可观的经济效益和社会效益。近几年，在高架基质栽培的基础上，引入各种菌类和蔬菜进行立体栽培，突出了休闲农业的观赏性和趣味性。

（5）北京草莓品牌建设得到发展。根据《地理标志产品保护规定》国家市场监督管理总局组织专家对“昌平草莓”地理标志产品保护申请进行审查，经审查合格，批准自2011年3月16日起对“昌平草莓”实施地理标志产品保护，“昌平草莓”在兴寿镇、崔村镇、小汤山镇、百善镇、南邵镇、沙河镇6个镇所辖行政区域内使用，保护草莓品质特色。据调研，2015—2016年有24个种植园区、6家合作社、2户农户有自主草莓品牌，具有自主品牌的种植园区、合作社和农户草莓种植收益的比较优势较为突出。

经过不断的发展，北京草莓种植在种苗繁育、土壤处理、病虫害防治、淡季栽培、标准化管理等方面走在了全国前列，形成了明显的科技优势。

3. 北京花卉产业

花卉产业是农业种植中效益最高的产业之一，发展花卉产业有利于促进农村劳动力转移，有利于促进农民增收，同时也能充分满足市民对花卉的需求，弘扬花卉文化。在2008年第七届中国花卉博览会、2016年世界月季洲际大会、2019年世界园艺博览会的带动下，北京市花卉产业发展迅速，在扩大生产规模、提高产品质量、优化品种结构、带动农民增收等方面取得了显著的成效。

（1）出台花卉产业发展政策。在2011年，北京就出台了《北京市人民政府关于进一步促进本市花卉产业发展的意见》，2012年相继又出台了《北京市花卉产业“十二五”发展规划》《北京市花卉产业物流现状与发展建议》，对今后北京花卉产业从种苗、生产、销售全方位进行了总体部署和规划。目前，北京市已繁育、引进、推广、生产的花卉品种达到数千种。依托示范基地，集中开展百合、菊花、月季、兰花、火鹤等七大类花卉育种研发工作。

（2）形成了花卉产业格局。在政策的支持和引领下，北京花卉产业快速发展，形成了顺义、昌平、延庆、大兴、通州、房山6个花卉产业发展水平相对较高的区，构建了“两带、五园、十镇、多点”的花卉产业格局。“两带”即以顺义区、丰台区、通州区、大兴区等为主的平原郊区花卉产业融合发展带，重点生产高档盆（切）花、观叶植物、优质种苗以及部分草本花卉；以延庆区为主的冷凉山区特色花卉生产带，进行百合种球繁育、应季盆栽草花以及茶菊、万寿菊等功能性花卉原材料的生产。“五园”中的北京国际鲜花港花卉生产观光示范园和昌平切花百合生产观光示范园已较为成熟，其中多家大中型花卉企业已落户鲜花港，发挥了花卉产业的集群效应。昌平区已建成40多个百合种植示范基地，1 700多栋百合日光温室，成立了32个花卉专业合作社，成功注册了“静香”百合品牌。特色“十镇”中，丰台区花乡成为高档花卉生产区和华北地区重要的花卉集散中心，顺义区北务镇、杨镇、赵全营镇、高丽营镇成为高档盆花和草花生产镇，通州区漷县镇成为蕨类植物专业生产镇，房山区长阳镇成为高档盆花生产示范镇，大兴区榆垡镇成为高档盆花和草花示范镇，昌平区南口镇成为百合专业生产镇，延庆区四海镇成为集草花、彩色马蹄莲种球以及茶菊、玫瑰和万寿菊等功能花卉生产的特色专业镇。建立了大兴区市花月季出口、房山区油用玫瑰生产加工、密云区百合种球、延庆区万寿菊加工等10个花卉生产示范基地。

（3）花卉产业促进农民增收。如顺义切花菊生产基地年产切花500万支，带动农民增收1万元/年；北京市在房山区、海淀区建立的油用玫瑰生产、加工示范基地1 000多亩，每年繁育大马士革玫瑰种苗120万株；在延庆区建设万寿菊、茶菊生产加工基地5 000亩，带动2 000人就业；在平谷区建设的上百亩食用菊花基地，打造高端高效种苗生产、菊花宴与生态旅游相结合的全产业链模式，有利促进了当地居民的就业致富。

4. 北京食用菌产业

近年来，北京食用菌产业呈现多样化、设施工厂化和开放化新趋势，食用菌生产主要集中分布在房山、通州、顺义、怀柔、密云和大兴等区。产品主要有平菇、香菇、金针菇、毛木耳、白灵菇、杏鲍菇、蟹味菇和灵芝等20余个品种，其中10多个品种实现规模商品化生产。北京全市平均年产食用菌15万吨，实现产值11.5亿元。销售市场主要包括北京及华北大部分地区，部分销往东北地区，少量出口到美国、韩国等国家。其中，通州区食用菌产业已初具规模，成为京郊食用菌主产区之一，北京市场60%以上份额的食用菌来自通州。通州区林地食用菌生产面积从2010年的5 000亩增加到目前的1万亩，棚室食用菌生产面积从2010年的500亩提高到目前的2 000亩，工厂化食用菌生产车间从2010年的4万平方米增加到6.8万平方米。共引进和示范推广了白灵菇、金针菇、双孢菇等十几个食用菌品种，通州区年产各类食用菌6万吨以上，产值7亿元。

5. 北京葡萄产业

葡萄及葡萄酒产业在北京郊区得到了高度重视，成为部分乡镇和村庄的主导产业。此外，葡萄酒庄在北京郊区的发展也很快，不仅带动了休闲观光农业和乡村旅游业的发展，还取得了非常好的经济效益，吸纳了农民就业，增加了农民收入。北京葡萄种植面积已突破10万余亩，鲜食葡萄年产量5.8万吨，收入3亿多元，酒葡萄种植面积近3万亩，主要集中在延庆、密云、房山、大兴、通州、顺义、门头沟等区。近10余年来，随着酒庄葡萄酒的引进，房山、延庆、密云等区制定规划，大力发展酒庄葡萄酒产业。国内一些著名葡萄酒企业纷纷在北京建立档次比较高的葡萄与葡萄酒产业基地，带动了北京郊区的葡萄与葡萄酒产业带建设，显示出北京葡萄与葡萄酒产业的良好发展态势。如延庆区编制了《酒庄葡萄酒产业带规划》，拟建设50千米葡萄酒庄产业带，并打造4种类型的酒庄：一是在靠近龙庆峡、玉渡山、松山、古崖居等景区位置，打造10处以葡萄酒文化为媒介，集酒庄、度假、休闲、娱乐等功能于一体的休闲度假型酒庄；二是在适合酿酒葡萄种植的北部山区缓坡地带，打造21处以葡萄种植、葡萄酒酿造和品鉴为主要功能的精品鉴赏型酒庄；三是在山后白河堡水库下游区域，结合村庄改造，打造3处以葡萄酒窖藏、展示、品鉴和养生为主题的山水养生型酒庄；四是结合部分村庄的改造，打造14个农庄生活体验型酒庄。房山区也编制了《高端葡萄酒产业发展总体规划》，确定以青龙湖镇为起步区，带动浅山区高端葡萄酒产业发展。密云区也规划沿101国道，以穆家峪镇、太师屯镇为主建设以“葡萄庄园、红酒文化”为主题的休闲农业产业带。

在2014世界葡萄大会上，河北怀来县和北京延庆区共同推出了建设延怀河谷葡萄及葡萄酒产业区规划，即以官厅水库为核心，整合资源，规划出2 000平方千米，发展葡萄种植、葡萄酒酿造和酒庄文化旅游产业。按照规划，两地共建葡萄产区的空间布局为“一区、两岸、四中心、多组团”。“一区”即统一的延怀河谷产区，“两岸”即官厅水库南北两岸两条高端精品葡萄酒庄产业带，“四中心”即产区交易、研发、物流、会展四大功能中心，“多组团”即在产区统一规划下，各地区、各乡镇根据各自优势发展多个聚集度高、特色鲜明的产业组团。“延怀河谷”规划涵盖延庆11个乡镇，怀来县16个乡镇，共计京冀27个乡镇。延庆、怀来两地联合申报的“延怀河谷”葡萄国家农产品地理标志，也正式获得通过并由农业农村部授予相应证书。证书的覆盖范围1/3在延庆，2/3在怀来。延怀河谷产区有苗木繁育、葡萄种植、加工酿造、器具生产等相关产业，有交易中心、保税库等服务设施，涵盖产业各个环节，是国内少有的全产业链产区。目前，延怀两地葡萄种植面积已达27.5万亩，葡萄年产量达到16.3万吨，葡萄酒年销量7万吨，葡萄产业总产值超过40亿元。延怀产区到规划期末的2030年，除酒庄的建设目标外，葡萄种植面积达到40万亩，其中酿酒葡萄28万亩，鲜食葡萄12万亩，同时建成规模化酿造企业达到2家，相关延伸加工企业达到10家，葡萄酒年产量达到30万吨，形成一批具有国际影响力和竞争力的精品葡萄酒品牌。

（五）北京发展会展农业的经验

1. 举办有影响的世界性农业会议

北京会展农业之所以能得到迅速发展，与近年来北京市成功举办的一系列世界性农业大会及区域性农业会展有密切的关系。世界性农业大会的举办是促进北京会展农业发展的重要手段。北京借助资源优势，积极支持有关农业研究机构申办国际农业会议。自2008年以来，北京已经成功举办了第七届世界草莓大会、2012年第18届国际食用菌大会、2014年世界种子大会和世界第十一届世界葡萄大会等多个有国际农业会议。北京借助高水平国际学术会议的影响力，创新办会模式，助力产业升级发展，提升产业知名度，打造产业品牌。

2. 围绕地区特色产业发展会展农业

北京会展农业紧紧围绕地区优势特色产业开展。例如，北京的昌平生产草莓、百合、苹果、柿子。但草莓种植在区内具有优势和特色。昌平区位于北纬40°，是世界上公认的最适合草莓种植的地区之一。从20世纪60年代起，昌平就开始栽培草莓。2001年，昌平引入具有草莓种质资源及生产技术优势的天翼公司，开始在全市率先建设日光温室，发展草莓种植。昌平草莓，以其独特的地理位置、气候条件、地下水源和种植方式，逐步发展成北京和全国的草莓主要产地。为了发展壮大草莓这个特色产业，北京市和昌平区两级政府支持天翼公司申办世界草莓大会。世界草莓大会的成功举办提升了昌平草莓的影响力，打响了昌平草莓的品牌。在吸引人们来昌平采摘草莓的同时，带动其他农业产业和相关产业的发展。

3. 形成“决策层、指挥层、执行层”会展筹办机制

国际会议是一项有目的、有计划、有步骤地组织众多人参与的

社会协调活动。完整的会议服务包括策划、组织筹备、营销、举办和会后评价 5 个环节。其中，会议组织、筹备作为主办、承办方与各方会议参加者发生互动的环节，是会议的核心环节。按照会议组织筹办的流程，大体可以分为 3 个阶段：第一阶段为会议委员会的成立阶段，构建会议组织团队，商定重要文案，主要涉及会议主办、承办方内部的交流；第二阶段主要是对第一阶段确定的各项工作具体落实，这一阶段会议组织者对外与各参会方密切交流沟通，对内与各委员会密切沟通，不断降低会议的不确定性；第三阶段为会议实施阶段，会议的各项不确定性降低到最低值，资源投入已经确定，主要是处理会场计划外情况，对不可控因素随机应变。为办好国际农业会展，北京市委、市政府探索出了“决策层、指挥层、执行层”三级会展筹办机制。通过会展农业的创意整合各个部门如林业、发改、水利、财政、土地、规划等部门资源，形成农业发展合力，实现了政策集成，将资金、技术等主要用于发展地区特色产业的会展方面；领导坐镇指挥，加强组织领导和统筹协调，及时协调解决重点、难点问题；成员单位协调联动、密切配合，特事特办、急事急办，在产业发展、会务组织、展会活动、工程建设、城市运行、环境改善等各个方面做了大量工作，凝聚成强大的合力，形成部门联动和举全市之力的工作体制，推动特色农业产业发展。

4. 打造农业品牌形象实现产业升级

北京发展农业的劣势是劳动力成本、土地成本及其他生产成本非常高，优势是科技、资本非常集中，可以通过跨区、跨产业链的品牌打造，获得产业竞争力的可持续发展。北京充分发挥科技和资金方面的优势，积极申办国际农业学术会议，利用国际农业学术会议的举办契机或连续举办大型的农业节庆活动打造区域农业品牌，发展高端精品农业。目前，北京已经成功获得“平谷大桃”“大兴西瓜”“昌平草莓”“延怀河谷葡萄”等国家地理标志农产品保护认证，打造了区域农产品品牌，实现了地区产业升级。

5. 创新国际学术会议模式

提供了会展农业发展经验。2012 年北京首次承办世界级农业大会暨第七届世界草莓大会。会议主办方把国际园艺学会（ISHS）的纯学术会议，变成了一个全产业链的盛会。在这个大会上除学术研讨外，草莓博览园里还展示了世界各地 135 个草莓品种和 17 种种植方式，大会吸引了 200 多家国内外企业参展，世界上最新的草莓种植技术和设备纷纷亮相，会场外，到昌平采摘草莓的中外游客趋之若鹜。此后举办的世界食用菌大会、世界种子大会、世界葡萄大会等，也突破了往届单一的学术会议内容。2014 年世界葡萄大会设置了开幕式、学术会议、葡萄酒博览会、葡萄酒品鉴大赛、产经论坛、系列文化活动和闭幕式等七大项活动。首次举办的葡萄酒博览会，吸引国内外的名庄、名品、名企、名师参加；葡萄酒品鉴大赛也成为行业盛会，为从业者提供交流、展示的平台。学术会议变为全产业链盛会，直接促进农民增收，也让决策者们看到北京举办农业会展的优势。

九、上海、青岛及寿光会展农业实践

（一）上海、青岛和寿光农业基本情况

1. 上海市农业基本情况

上海市是国家直辖市，耕地面积有限，有 28.4 万公顷耕地。在城市化背景下耕地面积进一步减少。2018 年，全市粮食播种面积 12.99 万公顷。上海科学划定粮食生产功能区、蔬菜生产保护区、特色农产品保护区。截止到 2019 年，上海共划定 137.65 万亩农业“三区”。上海大力推进农业供给侧结构性改革，制定出台了都市现代绿色农业发展三年行动计划（2018—2020 年），推进农产品品牌化建设，制定实施全力打响“四大品牌”的三年行动计划（2018—2020 年）。近年来，上海加快培育家庭农场、农民专业合作社等新型农业经营主体，延伸农业产业链、打造优质农产品及农业品牌，加快推进上海农村一二三产业融合发展，逐步形成了庞大的一二三产业的组合集群。

2017 年，上海各类农业产业化龙头企业 380 个，全年实现销售收入 1 275 亿元。其中年销售收入 1 亿元以上的龙头企业 93 个，利润总额 37.01 亿元，带动本地农户 10.5 万户。家庭农场数量达到 4 516家。从经营类别看，粮食作物类 3 815 家、粮经作物类473 家、经济作物类 135 家、养殖类 93 家。家庭农场从业者当中，45 岁以下的中青年家庭农场经营者占全市家庭农场经营者总数的 24%。农民专业合作社实际经营单位数 2 813 家，平均年经营收入 299.3 万

元，平均年盈余为22.1万元。年销售额1 000万元以上的农民专业合作社达到215个，占7.6%。至2017年年末，上海拥有市级示范家庭农场106个；区级以上农民合作社示范社463个，其中市级示范社178个、国家级示范合作社82个；区级以上重点龙头企业180个，其中市级重点龙头企业96个、国家级重点龙头企业20个。

上海积极实施农业品牌化发展战略，不断提高农产品的市场竞争力，认证农产品数量不断增加。至2017年年末，全市共有1 680家企业、6 743个产品获得“三品一标”农产品认证。崇明白山羊、枫泾猪、金山蟠桃、马陆葡萄等13个产品获得农业部颁发的农产品地理标志登记证书。南汇水蜜桃被评为“中国百强农产品区域公用品牌”，并被列入第一批中国特色农产品优势区公示名单。

上海积极拓展农业多种功能，推进一二三产业融合发展。截至2017年年末，上海已建成休闲农业集聚区22个、已开业景点325个。其中年接待万人以上规模景点171个。2017年，全市休闲农业景点共接待游客1 928万人次，营业收入93.23亿元，带动就业2.84万人，其中带动本地农民就业1.93万人。已成功创建76个全国休闲农业与乡村旅游星级示范景区，其中三星级、四星级、五星级景区（点）分别达到35个、24个、17个，共计76个。以马陆葡萄公园、南汇桃花节、奉贤庄行镇赏万亩油菜花为代表的集采摘、休闲垂钓等由农产品生产延伸的农业旅游正在升温，农产品增加了附加值，农业延长了产业链，更促进了农民增收。

2. 青岛市农业基本情况

青岛市是国家计划单列市，面积10 654平方千米，其中耕地面积42万公顷；总人口800万人，农业人口480万人。青岛既是沿海开放城市，也是农业大市，农村人口多，农业发达，是我国少有的粮油菜基本自给，林果、水产等农产品大量出口外销的城市。截止到2019年11月底，全市耕地780万亩，132万农户，家庭农场、合作社等新型经营主体2.5万个，带动农户100余万户融入现代农业发展；有农业社会化服务组织近 3 000 家，农业生产综合托管率超过 70%；建设 305 万亩粮食生产功能区、948 个现代农业园区，打造 23 个田园综合体；农民合作社入社农民 40 多万，合作社可分配盈余达 3.7 亿元，入社农民人均可增收 1 000 元左右；青岛年销售收入过亿元农业企业达到 114 家，其中过百亿元 3 家，营业额 10 万元以上休闲旅游农业经营主体达 737 家，年收入 140 多亿元；青岛有农产品加工企业 3 168 家，产值 1 300 亿元农产品，其中出口加工企业 1 300 多家。近年来，青岛农产品出口额稳定在 300 亿元以上。2018 年，青岛农产品出口额 387.26 亿元，同比增长 8.4%，再创历史新高。青岛农产品出口 160 多个国家和地区，欧盟、韩国、日本、东盟、美国是青岛农产品五大主要出口市场。青岛农业科技创新走在全国前列。农机购置补贴考核位居全国第一，主要农作物机械化率达到 88%，高出全国平均水平 20 多个百分点。袁隆平、束怀瑞、赵振东等在青岛市设立院士专家工作站，国家级、省级涉农重点实验室、研发中心达到 39 个，农业科技进步贡献率 67.5%，高于全国平均 10 个百分点。

3. 寿光市农业基本情况

寿光市是县级市，总面积 2 180 平方千米，人口 108.47 万，共有耕地（国土局数据）面积 153.6 万亩，实种耕地面积 131.1 万亩，能灌溉耕地面积 123.2 万亩。其中，粮田面积 64.8 万亩，大棚温室面积 42.6 万亩，畜禽养殖用房面积 1.3 万亩，棉花播种面积 10.9 万亩，淡水养殖面积 1.1 万亩。全市农业从业人员 358 528 人。寿光市是国务院命名的“中国蔬菜之乡”。截至 2019 年，寿光共建有日光温室 14.6 万个、拱棚 2.5 万个，设施蔬菜常年播种面积 4 万公顷（60 万亩），年产量 450 万吨，总产值约 110 亿元，年交易蔬菜约 900 万吨。截至 2018 年年底，寿光市拥有潍坊市级以上农业龙头企业 153 家。其中 3 家国家级农业产业化龙头企业，山东省重点扶持企业 16 家，134 家企业进入潍坊市重点龙头企业行列。目前，寿光全市有合作社形式的组织900多个。寿光通过土地流转、集中建设的形式，建设了126个占地300亩以上的封闭式蔬菜园区，建设面积达8.9万亩，建立了集“生产管理、农资配送、技术指导、品牌创建、市场营销”于一体的现代农业体系。农业企业和合作社带动了寿光80%的农户直接或间接地参与产业化、国际化经营。寿光全市70%的园区蔬菜以品牌的形式进入北京、上海等大中城市高端市场。寿光市拥有“桂河芹菜”“独根红韭菜”等国家地理标志产品16个，认证“三品”农产品320个，其中绿色食品221个，无公害农产品99个。2019年，“寿光蔬菜”成功注册为地理标志集体商标。已举办20届的“中国（寿光）国际蔬菜科技博览会”，被农业农村部、中国国际贸易促进委员会认定为5A级农业专业展会，成为农业对外开放的窗口和体现寿光特色的名片。作为蔬菜之乡，寿光围绕蔬菜生产基地、蔬菜龙头企业、蔬菜加工企业、农业生产资料生产企业、种子及种苗公司、中介服务组织、各种科研培训机构、政府等形成了庞大的产业集群，成功推动了低效产业向高效产业转变，传统产业向现代产业转变，纯种植向完整产业链转变，相对封闭的产业向开放型产业转变。

（二）上海、青岛和寿光发展会展农业主要做法

1. 上海

上海郊区小，农业总量也不大。但上海利用其区位和市场优势，借助农业会展这一手段，发展面向“长三角”及全国的会展农业，打造全国性的农产品服务平台，在促进地区及全国农产品产业化生产、品牌化建设、市场化发展方面取得了明显的成效。

（1）会展农业带动周边以至更大范围的农业发展。中国加入WTO以后，为了更好地了解市场、把握市场和服务市民，上海开始重视研究和解决农产品的大市场、大贸易、大流通问题。当时的农业会展虽然仅是一些专题型的农业展览，但其为地区联合、全国

联合的展览创造了有利的环境条件。上海市从 2001 年开始举办“新春农副产品大联展”，展期一般为 4 天或 5 天，全国合作，有将近 20 多个省（区、市）参加，所形成的订单每年高达 200 多亿元。截止到 2020 年 1 月，已经连续举办了 18 届。继“新春农副产品大联展”之后，上海结合夏秋季节农产品品种丰富的特点，相继举办了上海盛夏农副产品大联展和上海金秋农副产品大联展。其中 2018 年的上海金秋农副产品大联展设置上海市对口帮扶地区特色商品、上海地产农产品、全国部分特色农产品 3 个展区，展位数量近 200 个，参展企业 250 家，参展产品种类 1 500 余种。展会组织沪郊 9 个涉农区的农业企业及农民合作社共 45 家，带来粮、果、蔬、肉、禽、蛋等各类优质农产品，如崇明的白山羊、浦东的清美豆制品、奉贤的丰科菌菇、青浦的练塘茭白干、金山的山林系列食品，通过展销一站式推介本地优质农产品，丰富市民金秋菜篮子。展会在向市民展示近年来上海都市现代绿色农业发展成果、本市农产品品牌影响力和市场竞争力的同时，展示了上海市对口帮扶的 7 个省（区、市）的 19 个州（市）的特色农产品。一些农产品加工龙头企业通过参加上海的农产品展销会拿到了订单，从而从根本上扭转了企业的生产经营状况；一些农户通过参展拿到了大订单，很快发展成为当地的龙头企业。在这一时期，上海的一些郊区县也开始组织具有自己特色的农产品展，如浦东新区的农产品大联展等。这些不同层次的展销会，建起了上海对接全国龙头企业和农产品生产基地的大平台，成为全国名特优新农产品进入上海市场的重要通道。除上述农业会展外，上海还连续举办了 9 届上海国际现代农业品牌产品展览会、19 届全国农产品（上海）采购交易会、上海全国优质农产品博览会。上海坚持“以农办展、以展促业、以业兴农”的宗旨，举办的各类农业会展活动，顺应农业发展新要求，激活农业发展活力，扩大农业市场份额，推动农业从增产导向转向提质和品牌导向，促进农业高质量发展。

（2）通过建设平台满足市民对优质农产品的需求。尽管上海组织的各类农产品展销活动效果很好，然而三五天的短期展销活动，无法满足市民日常消费优质农产品的需要。为了打造“永不落幕的农产品展会”，上海市2004年就提出作为政府主导的公益性项目在西郊青浦华新镇建设一座总占地133公顷的上海西郊国际农产品交易中心，由批发交易、展示直销、检测服务、商业配套四大功能区域组成，搭建一个全国性的农产品交易大平台，为全市人民服务，为全国农产品大市场、大贸易、大流通服务。展示直销中心于2008年6月正式动工兴建，2010年9月开始试营业，其在规划布局、交通组织、载体建设、设施配套和运营管理等方面借鉴了法国伦杰斯等发达国家大型农产品交易市场的成功经验，同时又结合国情、市情，打造集展示直销、看样订单、物流配送、内外贸易和电子商务等五大功能于一体的交互市场，营建“孵化”农产品产业化生产、品牌化建设、市场化发展的示范窗口和总部基地。其展示直销中心是整个项目的核心部分，也是农产品的精品馆，占地4公顷，建筑面积约4万平方米，设51个场馆，展示的农产品分别来自东盟和欧洲，以及我国17个省份及台湾与香港地区。

（3）政府从组织者逐渐“退位”到支持者。最初，列入政府计划的展览都是由政府出面，邀请参展商，而且对于“老少边”和对口支援单位、抗震救灾重点地区给予摊位的补贴和产品的重点推介；具体的布展、展览技术运用和组织安排交由展览公司实行企业化运作，社会各界予以一定的支持，经费以自筹平衡为主。如“新春农副产品大联展”最初的5年基本上都是政府组织、政府推动、企业承办、社会各界支持；最近几年，由于展会已拥有稳定的参展商和客源，也解决了经费问题，因而政府就逐步退出，由企业主导或主办，而政府仍积极支持，即政府从组织者变成了支持者，使政府逐步归了位。此外，政府利用自身优势，积极引导优质客商参展，促进了参展商结构的不断优化，如通过外国驻上海的机构和总部，引进了一批外国的企业参展或订货，加强了展览的外向性。

（4）重视政府部门服务的跟进。农产品的质量安全事关市民的饮食健康。因此，上海市对于涉及农副产品展销的展会，都要求安全农产品监督检验机构进驻展会，对展示展销的农产品严把质量关。此外，还要求税务、安保等部门给予大力支持，创造良好的环境条件。

2. 青岛

青岛会展农业的核心是以农业展会为媒介，积极开拓农业新产品与农业新技术的国内和国外两个市场，增强青岛农产品市场竞争力，通过提高档次、扩大规模来提升青岛农产品美誉度和市场影响力。青岛市从 2002 年开始举办首届国际农产品交易会。经过十多年的发展，青岛的农产品交易会已经成为我国北方地区非常重要的农业盛会，也成为山东省和沿黄流域规模最大的综合性农产品展示交易会，对带动北方地区农业升级和农民增收发挥了不可忽视的作用，对带动青岛市农业发展也起到了非常显著的作用。2018 年青岛市组织农民合作社、农业龙头企业等新型经营主体参加第十四届中国国际农产品交易会等重要农业展会，最大限度地扩大交流与合作，增强国内和国际市场竞争力，同时政府积极组织举办青岛国际蓝莓节、葡萄节、樱桃节等农业节会活动，促进会展农业与旅游服务业文化节庆活动的高度融合，力争在国内和国际上打响“青岛名品”的大品牌。

（1）精心设计会展主题。要办成一流的农产品交易会，就需要有明确的主题，也要有突出的特色。2003 年国际农产品交易会的主题是“绿色、贸易、合作、交流”，反映了当时青岛市对扩大农产品贸易，引进外来投资的需求，以及对农业信息、科技交流的愿望；2004 年将农产品交易会从“合作、交流”转变为“促进共同发展，实现双赢”的方向；从这一主题出发，2005 年开始提出办“永不落幕”的农产品交易会，有 200 多家参展商落户于山东省农业展示交易中心，成为青岛市固定的农产品交易商，实现了通过展示带来的共赢；2006 年把“品牌”纳入主题，反映出青岛农业在对外贸易方面开始突出品牌的意识。为保证“绿色”这一主题，从首届农产品交易会开始，组委会就坚持对所有参展农产品进行严格的质量检验检测，确保为消费者和采购商提供安全、放心、绿色农产品。在党的十九大报告首次提出实施乡村振兴战略，2018 年中央一号文件聚焦实施乡村振兴战略，提出推动农业由增产导向转为提质导向，切实推进质量兴农的背景下，青岛举办了 2018 青岛：国际品牌农产品博览会暨山东乡村振兴新动能合作洽谈会，集中展示青岛知名品牌农产品、产业扶贫成果及特色农产品，客流总量超过 50 000 人，现场销售额约 900 万元，意向成交金额约 3 000 万元。同期举办的山东乡村振兴动能合作洽谈会、海峡两岸品牌农业营销论坛、食安中国区块链研讨会等活动，旨在促进现代农业发展水平，拓展质量兴农和品牌强农新动能，展示推介农产品品牌，提升全市农产品品牌效应，助力青岛市乡村振兴。2019 青岛农博会聚焦“优质农产品展销、品牌乡村展示”新的主题，参展商的数量是 2018 年的 2.5 倍，达到近 120 家。展区除知名农产品展区、农产品地理标志展区、绿色休闲产品展区等展区外，还特别设立了产业扶贫展区，友好、合作城市组团展区，“一带一路”天然食品展区等，充分彰显了农博会的国际性，交流与合作的平台不断扩大。

（2）着力优化农业产业结构和打造农产品品牌。以举办农产品交易会为契机，青岛市依托产业的结构和资源优势，在种植业上进行了科学的区域布局规划，并下力气抓好基地建设。通过集中精力建设基地，并严格按照无公害农产品、绿色食品、有机食品的生产标准组织生产，以打造在全国叫得响的名牌农产品。在短短的几年时间里，青岛市农业从开始的以外销农产品和引进外来投资合作为主，转变到以科技创新和提升品牌价值为主。2019 年，青岛市成功创建成为“国家农产品质量安全城市”。青岛农产品质量安全监管能力不断增强，农产品抽检合格率稳定在 98.5% 以上；打造绿色品质、世界共享的“青岛农品”品牌集群，全市“三品一标”农产品 1 042 个，著名农产品品牌 186 个，国家农产品地理标志 52

个。2019 年在北京由中国区域农业品牌发展联盟、中国区域农业品牌研究中心、中国品牌杂志社主办，中国区域农业品牌研究中心、中国品牌杂志社、新浪微博承办，临沂市、南平市、绥化市、鸡西市、巴彦淖尔市、泰安市、济宁市、日照人民政府、城口县 9 家单位协办的“2019 中国区域农业品牌发展论坛暨 2019 中国区域农业品牌年度盛典”系列活动中，公布了“2019 中国区域农业品牌影响力排行榜”。其中，青岛市农业农村局“青岛农品”区域农业公用品牌位列区域农业形象品牌（地市级）类别第二位。

（3）注意建立、完善和运用市场机制。为办好每届农产品交易会，青岛市政府非常注意加强对农产品交易会的领导，每次都要制订详细的预案，以保证各届农产品交易会的顺利进行。此外，青岛市政府也非常重视市场机制的建立、完善与有效运用。如在青岛市，承建山东省农业会展中心，承办（协办）青岛农产品交易会的是青岛市城阳区村办集体企业——民生集团。其依托城阳批发市场超旺的人流、物流、资金流，投入 2.8 亿元，建起了 10 万平方米的集展示、交易、洽谈、采购等功能为一体的现代农产品交易中心为与现代会展业的发展要求接轨，民生集团自己组建队伍，探索管理和运营的新路子。再如，2019 青岛农博会由青岛国信集团主办，青岛市农业农村局、陇南市农业农村局、青岛市供销合作社、青岛乡村振兴研究院支持，青岛国展商务展览公司承办。在实践中，青岛的农产品交易会利用市场机制、专业服务、国际特色，政府仅需很少的投入，就使其办出了档次，办出了成效，取得了可观的经济效益，而且还办出了可持续性。

（4）全力扩大青岛农产品展会的影响。要留住参展商、采购商，就需要有周到、细致的服务。为此，青岛农产品展会服务中心实行集中办公制度，对参会的国内外重要团体，提供证件办理、展会咨询及迎送、交通、贸易洽谈和翻译等全程服务。同时，展馆内还提供展品通关运输、布撤展、签约、新闻发布等现场服务，为参展参会客商提供便利条件。为方便来自海外的采购商、供应商，还分别以日文、英文、韩文、中文（简、繁体）等多种语言文字印刷了农产品交易会宣传册。由于扎实的工作、周到的服务和广泛的影响，青岛农产品交易会从首届开始就一直超出了国际公认的国内展会中海外参展商达到20%就可称为国际展览的这一比例。目前，青岛农产品交易中心已经成为沿黄流域的一个重要的农产品展示交易平台，也成为东亚区域农产品展示、交易的重要节点和枢纽之一，而且商务部还把这个交易中心命名为全国五家之一的“海峡两岸农产品交易物流中心”。

3. 寿光

从《齐民要术》算起，到现在全国闻名的蔬菜之乡，寿光的农耕文化源远流长。作为传统的农业大市，寿光在“南部菜、中部粮、北部盐和棉”的产业格局中，在中南部乡镇，集中发展高效经济作物，突出抓好大棚菜、大田菜和出口创汇蔬菜生产，形成了万亩辣椒、万亩西红柿、万亩香瓜、万亩韭菜和 3 000 多亩无土栽培蔬菜等十几个成方连片的蔬菜基地。蔬菜成为寿光最具竞争力的特色产业。因而，寿光以蔬菜为主题，会展农业如日中天。

（1）根据产业发展需要建设蔬菜批发市场。寿光于 1984 年就建起了蔬菜批发市场，目前市场面积已扩展到 680 亩，先后累计投资 3 亿元，年成交蔬菜 40 亿千克，交易额 56 亿元。市场设施完善，配套机构健全，辐射力广，带动力强，拥有 32 000 平方米的网架交易大厅，5 000 平方米的交易棚和 7 200 平方米的交易服务楼，信息系统与全国 20 多个城市联网。市场交易品种齐全，南果北菜，四季常鲜，年上市蔬菜品种 300 多个，交易范围辐射全国 30 个省市区，并出口日、韩、俄等 10 多个国家和地区，是全国最大的蔬菜集散中心、价格形成中心和信息交流中心，名列“全国十大农产品中心批发市场”之一，也是“农业农村部首批定点鲜活农产品市场”。

（2）依托产业形成具有影响的品牌展会。依托寿光的蔬菜产业基础，2000 年 4 月，在寿光蔬菜批发市场举办了首届中国（寿光）蔬菜博览会，共展出 5 大类 130 多种实物瓜果蔬菜、200 多个蔬菜良种以及生物药肥、中小型机械、果蔬加工设备、果菜包装等系列设施和产品。来自 15 个国家和地区以及国内 20 多个省区市的 28 万人次参会参展，共签订协议合同项目 230 个，签约额 11.9 亿元；贸易合同 8 个，贸易额 10 亿元。之后每年一届，目前已连续成功举办了 20 届，还举办了设施蔬菜国际品种展、全国蔬菜质量标准高峰论坛等展中展、会中会。中国（寿光）国际蔬菜科技博览会每届都以丰硕的经贸成果、独特的展览模式和丰富的文化内涵在国内外农业及相关产业领域产生了巨大影响，成为国家商务部批准的年度例会，被农业农村部、中国国际贸易促进委员会认定为 5A 级农业专业展会。2019 年第 20 届中国（寿光）国际蔬菜科技博览会到会参观 206.8 万人次，实现贸易额 130 亿元以上。

（3）结合农业会展进行配套建设。寿光以蔬菜批发市场和蔬菜博览会为核心，对外抓开拓，对内抓完善，构筑了与国内外市场相融合的现代化市场体系，有效地推动了蔬菜加工的产销衔接。截至目前，寿光建设完成了国内首家农产品电子拍卖中心和物流配送中心，在国内率先实行了无公害蔬菜电子拍卖交易，日拍卖蔬菜 300 多吨。目前，寿光已形成了以蔬菜批发市场为骨干，以农资市场、种子市场和乡镇“十大菜果”专业市场为支撑，各类购销公司、经纪公司、运销专业户等 1.7 万个中介组织为基础的农产品销售网络，流通大军发展到近 10 万人，搞活了农产品市场流通，带动了全市农业和农村经济的更快发展。寿光先后开通了寿光至北京、哈尔滨、湛江三条“绿色通道”，在北京、天津、哈尔滨等大中城市设立了寿光“无农药残留放心菜”专营区，与全国 50 多个大中城市农产品市场及国家机关、大型企业开展了直供直销、连锁经营和配送业务；开通了面向国际市场的农产品海上“蓝色通道”、空中走廊和网上通道（建成全国第一家蔬菜网上交易市场），在周边国家和地区设立了“专营店”，蔬菜销售范围辐射到全国 30 个省

（区、市），出口到10多个国家和地区。

（4）为可持续发展注重良种的引进与研发。自1989年在寿光的三元朱村诞生第一个冬暖式大棚开始，寿光就成了全国大棚蔬菜的“实验田”，组织培养、生物防治、让蔬菜喝牛奶、臭氧抗菌增肥、无土栽培等种菜新招层出不穷。此外，由于蔬菜种植面积大、种子需求多，通过农业会展等渠道，寿光引进了一批国内外种子公司落户，丰富了蔬菜的品种。特别是在《中华人民共和国种子法》实施后，瑞士、荷兰、美国、以色列等30多家国际巨头种业公司纷纷在寿光设立了分公司、办事机构或示范基地，引进或改良中国种子并进行推广，使寿光成为我国蔬菜种子的交易中心之一。种子是农业的“芯片”。寿光以打造“全国蔬菜种业硅谷”为目标，全力推进与科研院所的联合，统筹种业研发力量，加快构建育繁推一体化种业体系。2006年，寿光与中国农业大学合作成立了中国农业大学寿光蔬菜种子研究院，专门进行蔬菜品种的研发和推广；2007年，寿光又建立了9公顷的国产蔬菜优良品种繁育基地。经过多年的研发，先后培育出辣椒、甜瓜、丝瓜等48个具有推广价值的新品种。目前，寿光正在成为我国优质蔬菜种子的生产和研制基地之一。截至2018年，寿光有蔬菜育种企业34家，种子经营户568户，110多家国内企业、科研院所和十多家国外种子企业建立了种苗繁育和示范基地，拥有自主知识产权的蔬菜新品种达到59个，种苗年繁育能力达到16亿株，寿光正在向“蔬菜硅谷”方向进军。

（5）“智慧化”推动农业新发展。近年来，寿光市以建设智慧农业为目标，大力实施“互联网+”行动，积极推进物联网、大数据、云计算、移动互联等信息技术的融合与应用，被认定为全国农业农村信息化示范基地。数字温控、智能雾化、水肥一体等物联网管理技术，在寿光的新建大棚中应用率已达80%，帮助寿光新一代菜农实现了轻松种菜、精准种菜。同时，为推进透明、高效的农产品质量安全监管，开展实时、便捷的为农服务，寿光市自2016年起开发农业智慧监管服务公共平台。目前。寿光的14万个蔬菜大棚、1 556家农资经营店、1 020家蔬菜市场、21家三品基地、6家大型超市和15处镇街检测室等，所有的生产信息、检测信息和交易数据都采集进了智慧监管平台，通过大数据抓取信息。寿光实现了蔬菜产业的智能化监管、全域化追溯和信息化服务。2017年，寿光市智慧农业投资约6.7亿元。在信息基础建设方面，实现村村通光纤，市、镇、村3G网络全覆盖、4G网络基本全覆盖，互联网用户达105.6万户，无线上网用户达79.6万户，互联网普及率达到91%。

（三）上海、青岛和寿光发展会展农业主要经验

综观上海、青岛和寿光发展会展农业的做法，其经验主要有以下几个方面。

1. 立足当地主要需求发展会展农业

从3个城市发展会展农业的做法来看，其均为从自身需求出发来发展会展农业。如上海，主要是从解决上海的农产品供给来发展会展农业的，其发展的重点是打造农产品展示和交易平台，从而带动了周边以至更大范围农业的发展；青岛主要是从推介自身农产品的要求出发来发展会展农业的，其发展的重点是通过会展带动青岛的农产品生产基地建设；而寿光是围绕自己的主导产业——蔬菜的产销来发展会展农业的，其发展的重点是通过蔬菜集散地建设来带动寿光的蔬菜产业发展。因此，会展农业应立足实际，依据自己的资源禀赋和广阔市场，有针对性地发展会展农业，避免“打一枪换一个地方”的“只见展会，不见产业”的现象屡次发生。

2. 从短暂展会向“永不落幕”发展

从3个城市发展会展农业的历程和做法来看，其都在设法将比较集中的几天展会扩展为日常展示和销售。如上海，现已建成的西

郊国际农产品交易中心的展示直销中心共设 50 个常年开放的场馆，分别展示和销售来自东盟、波兰，以及我国 17 个省份及台湾与香港地区的 11 大类、近万种优质农副产品；青岛为弥补展会展期短暂的不足，斥资 2.5 亿元建成的山东国际农产品展示交易中心设有 5 000 平方米的常设展示区，作为农产品龙头企业的常年展示交易基地，形成了全年无休息的展示直销流通服务特色，可满足国内外农业企业、客商进行形象推广、产品展示、经贸洽谈、看样订单、品牌建设等多种需求，成为引领青岛、辐射山东、沿黄以至整个北方地区的农产品价格风向标，集农产品展销、价格发现、贸易洽谈、信息集成于一体的交互市场，担当并架起了农产品产销两地的桥梁，成为现代农业的订单中心；寿光为了挽留蔬菜博览会的短暂足迹，建成了主展区面积达 15 万平方米，设主题展馆、生资展馆、农产品展馆、种植展馆等 8 个室内展厅 7 万多平方米，能设置标准展位 1 200 个的寿光国际会展中心、蔬菜博物馆和蔬菜高科技示范园。因此，会展农业应朝着“永不落幕”的方向发展，并强化其旅游观光和教育体验功能，在延长“展期”的过程中，充分提高其社会效益和经济效益。

3. 注重品牌建设

从 3 个城市发展会展农业的历程和做法来看，其都在走品牌化道路，注重培育自己的品牌。如上海的西郊国际农产品展示直销中心的农产品展示馆坚持立足上海、辐射长三角、服务全国、连接海内外，推进农产品品牌化的发展战略，以展示名、特、优、新农产品为重点，展出的农产品如浙江丽水的洋槐蜜，黑龙江镜泊湖石板大米和黑豆，西藏的野生核桃油，新疆阿克苏的至尊天枣王、喀什的伽师甜瓜，以及市民所熟悉的沪郊朱桥王鸽、宝山松茸、崇明北湖米等，通过展览，扩大了影响，提高了社会知晓程度；青岛通过会展的带动，形成了一批集农林牧渔多层次、多领域的农业品牌集群，涌现出了一批以地方名优特色产品为主导的知名农业品牌；寿光通过会展的带动，已成为全国最大的蔬菜基地之一，著名的“蔬菜之乡”，形成了一批享誉全国、世界知名的农业品牌。因此，会展农业不仅要注重培育自己的会展品牌，更应重视培育自己的农业品牌，带动农业产业的持续健康发展。

4. 重视市场机制培育与运用

从 3 个城市发展会展农业的历程和做法来看，其都非常注重市场机制培育与运用，从而提高了农业会展的经济效益。如上海的新春农副产品大联展，政府逐渐从组织者退出到支持者，让企业按照市场规则办会、社会各界予以参与与支持，使低效益的农业会展得以持续办下去；青岛的国际农产品交易会，让村办企业——民生集团唱主角办会，而政府提供环境条件方面的支持，使这一展会充满活力；寿光的蔬菜博览会通过摊位拍卖、室内外广告招商等市场化运作手段，筹集资金，使政府财政投入大幅减少，而参观人数和协议合同额却大幅增加。因此，会展农业要改变政府“大包大揽”的做法，按照服务型政府的要求既不“缺位”又不“越位”，在会展农业发展的全过程中充分发挥市场机制的作用，以促进会展农业的健康发展。

5. 注意提高科技含量

从 3 个城市发展会展农业的做法来看，无论在哪个环节或层面，都非常重视高新科技的运用，以提高会展农业的科技含量。如上海西郊国际农产品展示直销中心，高科技的网络电子交易和信息处理手段，实现了有形市场和无形市场的互补和拓展；青岛通过会展带动，立足区域优势和资源优势，以重点园区为抓手，推进农业市场化、产业化、国际化进程，先后建起市级 9 大高效农业示范园，各园区分别与中国农业科学院、中国农业大学等 29 所科研院校进行了技术合作与交流，聘请国内外专家教授进行技术指导和高层次的技术培训，先后推广农业科研成果 107 项，其应用率达

85%，科技进步对经济增长的贡献率达65%以上，带动全市农业向现代化迈进；寿光蔬菜批发市场不仅运用现代信息技术建起了蔬菜电子拍卖市场、交易市场和网上交易通道，而且还与中国农业大学等著名高校、科研院所合作，结合实际需要进行科技研发，切实提升产业发展的科技水平。因此，会展农业要充分依靠科技、人才等，注重高新科技成果的有效运用，切实提高办展的科技水平和展品的科技含量，突出会展农业的独有特色。

十、云南、广西、陕西会展农业实践案例

前面所介绍的会展农业实践主要分布在北京、上海、青岛等大城市及周边，其共同点都是借助大城市的科技、人力、会展资源发展会展农业。寿光是一个县级市，地处经济比较发达的山东半岛。但寿光在区位发展上属于典型的农业地区，不毗邻大城市，享受不到大城市的辐射和带动，没有资源优势，缺乏依靠富集资源实现发展突破的条件，也不靠近交通运输要道。这样一个既没有区位优势也没有资源优势的地区，自党的十一届三中全会以来，坚持以经济建设为中心，不断深化改革开放，经济保持稳步快速发展，GDP 在 1987 年突破十亿元，2000 年突破百亿元，2015 年达到 900 亿元。寿光的农业、工业与服务消费业紧密地连在一起，彼此促进，共兴共荣，成就了一个县域经济百强县，为会展农业的发展提供了基础的支撑。北京、上海、青岛、寿光会展农业的实践表明，在大城市及经济稳步快速发展的地区，会展农业发展的基础比较好，会展农业发展得比较早，取得了不错的发展成效。

近几年，在一些经济不是很发达的省份，也出现了通过举办有影响的国际农业会议，推动地区农业发展方式转变，带动地区农业产业升级的实践例证。如云南临沧通过举办国际澳洲坚果大会，推动澳洲坚果产业的升级发展；广西百色通过举办世界芒果大会推动百色芒果产业升级发展；广西恭城通过举办第五届国际柿学术研讨会推动恭城月柿产业升级发展；陕西洛川通过举办中国·陕西（洛川）国际苹果博览会和第一届世界苹果大会推动洛川苹果产业的升级发展。这些地区会展农业的实践，对地处非大城市周边且拥有优

质特色农业资源地区发展会展农业很有启发和借鉴意义。

（一）举办国际澳洲坚果大会推动云南临沧坚果产业发展

1. 云南澳洲坚果种植历史

澳洲坚果又称澳洲胡桃、夏威夷果，原产于澳大利亚，因其富含不饱和脂肪酸等多种营养物质和具有特殊的保健功能而被誉为“坚果之王”。野生澳洲坚果原产于澳大利亚昆士兰州东南部和新南威尔士州北部沿海的亚热带雨林。云南许多地区拥有与原产地极为相近的气候地理条件，据云南“森林资源二类调查”结果显示，云南适宜澳洲坚果种植的土地面积超过 1 000 万亩。良好的资源禀赋是云南澳洲坚果产业发展的必然条件，云南省自 20 世纪 80 年代开始引种和商业性开发工作，经过近 30 年的持续努力，2000 年，云南省澳洲坚果试验示范林逐渐开花结果，种植效益显现，澳洲坚果列入全省退耕还林造林树种，群众也开始自发种植，云南云澳达坚果开发有限公司和云南迪思企业集团坚果有限公司先后成立，澳洲坚果产业发展走上了公司化轨道。2010 年，“国家澳洲坚果种植标准化示范基地”落户云南，云南部分澳洲坚果产品通过了 QS 认证、ISO9000 系列质量体系认证和有机产品认证。2012 年，云南有 11 个澳洲坚果良种通过省级审（认）定。2011—2014 年，云南中央及省级财政共计安排澳洲坚果基地建设专项补助资金 1.5 亿元。2014 年，云南省林业厅组织编制《云南省澳洲坚果产业发展规划（2013—2020 年）》。根据规划，到 2020 年，云南澳洲坚果面积发展并稳定在 400 万亩。待 400 万亩澳洲坚果基地稳产后，年产壳果将达到 100 万吨，产业综合年产值达到 1 000 亿元以上，云南将建成全球最大澳洲坚果产业基地。据报道，截止到 2019 年年底，云南澳洲坚果种植面积约 415 万亩，远远超过全球其他国家的总和 150 万亩。云南种植的澳洲坚果品质和出仁率都超过原产地，现在开始把澳洲坚果叫“云南坚果”。目前，云南初步形成了临沧市、德宏傣族景颇族自治州、西双版纳傣族自治州三大澳洲坚果主产区，同时带动普洱、宝山、红河等州市的澳洲坚果产业发展。

2. 举办国际澳洲坚果大会推动产业发展

为了有力推动临沧乃至云南省的坚果产业与国际接轨并跻身世界一流行列，2015 年 8 月，在南非举办的第七届国际澳洲坚果研讨会上，云南坚果行业协会会长受临沧市人民政府委托向大会提出了在中国云南临沧举办 2018 年第八届国际澳洲坚果大会的申请，同时提出申请的还有澳大利亚和美国等国家。大会组委会在充分听取临沧坚果产业基地建设、生产加工和科研开发等情况后，认为与各个主产国相比，特别是与美国和澳大利亚等传统主产国相比，中国临沧坚果产业发展虽然起步较晚，但在发展速度和规模上远远胜于其他国家和地区，截至 2014 年种植面积已达 109. 56 万亩，接近全球种植面积的一半，成为发展速度最快、种植面积最大的地区，在种植面积上已成为国际澳洲坚果的核心，是国际澳洲坚果发展的典范。组委会在全面分析各国澳洲坚果发展情况后，决定将 2018 年第八届国际澳洲坚果大会举办权交予临沧。

国际澳洲坚果大会是全球澳洲坚果行业的顶级盛会，会集世界澳洲坚果行业精英，包括专家学者、种植和加工生产企业、进出口贸易商等。大会每三年举办一届，主办地由组委会投票决定，必须是国际澳洲坚果行业中具有影响力，并能代表和展示主办国澳洲坚果产业发展水平、特色与优势的地区。大会旨在就全球澳洲坚果行业在品种、种苗、种植、土壤、施肥、修剪、灌溉、收获、品质控制与提升、市场行情、产业发展趋势、消费者培育等方面进行交流、研讨，是全球澳洲坚果产业最新科研成果、技术、市场信息交流的高端平台。临沧借助有影响的国际盛会提升临沧的国际知名度和开放水平，把临沧的优势资源转化为产业优势。第八届国际澳洲坚果大会的申办成功，为临沧市澳洲坚果产业的健康发展带来了新的机遇和挑战。

3. 加大产业投入助推产业升级发展

为了办好2018年第八届国际澳洲坚果大会，临沧市政府加大了对坚果产业的投入力度，加强澳洲坚果基地建设和科技支撑，推动产业升级发展。其具体做法主要有以下几个方面：

（1）出台系列支持政策。临沧市委、市政府出台了一系列的支持政策，坚定产业发展的信心，林业系统更是将强化良种繁育，引进培育龙头，建立科技服务推广体系，作为促进产业可持续发展的重要抓手，并在市林业局成立坚果办公室，专职负责产业的发展。同时，临沧市政府加大了对澳洲坚果产业的投入，把新一轮退耕还林、木本油料、造林补贴、林业贴息等项目集中安排布局在澳洲坚果产业重点发展区，森林植被恢复费重点用于坚果产业发展；交通、水利、扶贫、国土、电力、科技等部门配合联动，保障水、电、路等配套基础设施建设；引导和鼓励公司、企业、大户等社会资金投向坚果产业发展，林业部门在政策支持和项目安排上给予支持和优惠，鼓励创新经营模式，形成广泛聚集力量，合力推进发展的良好格局。

（2）提升产业组织化程度。产业组织化程度决定产业发展的未来。临沧坚果产业在发展过程中，采取“龙头带产业”的形式与合作社、中小企业、果农合作，将农业生产过程直接作为工业生产过程中的一个环节纳入生产经营循环体系中去。农业生产过程成为全部生产过程的一个环节，从而有效提升临沧坚果产业价值链发展水平。当地坚果种植大户和种植企业则以庄园式发展的坚果种植体系，集成坚果种质资源、育苗、种植、产品加工等关键技术环节的研发创新，推动产业模式、营销模式及技术服务模式的创新，实现新品种选育、良种培育、规模化种植技术与果园标准化建设的窗口和样板。以云澳达、松哥实业、中澳农等为代表的企业，采取“良种良法”和“全产业链”建设，形成了良种选育、山地种植、加工的全产业链。

（3）加强科技支撑。临沧市为做大做强澳洲坚果产业，与原国家检验检疫局共同建立了“国家坚果类检测重点实验室”。该实验室于2018年4月建成投入使用，是一座集科学性、权威性功能于一体的国家坚果类检测重点实验室，也是国家唯一的坚果类实验室，填补了该专业领域的空白。目前，实验室拥有高、中、初级专业技术人员团队和教育、科研人才，配有高效液相色谱仪等200多台套先进检验检测设备，是一个人才结构合理、设备配套齐全、实验室布局规范、检测技术全面、管理手段科学的检验检测机构，为坚果类产业发展提供了“检、政、产、学、研”全方位服务，有力地推进坚果产业的发展。同时，临沧市加强与科研单位、院校等交流合作，先后与中国热带农业科学院南亚热带作物研究所、南京林业大学、云南农业大学、云南省林业科学院、西双版纳热带作物研究所、美安康质量检测技术（上海）有限公司、云南云澳达坚果开发有限公司等单位开展了科技联姻，在先进技术的集成、示范、推广以及产品研发等方面取得了实质性成果，为临沧市坚果产业发展提供了重要的科技支撑。在临沧市政府的推动与支持下，由云南坚果行业协会、澳大利亚坚果协会、南非澳洲坚果种植者协会联合发起，聚集全球业界精英和高校、研究机构的“国际澳洲坚果研发中心”在临沧成立，研发中心的专家库成员来自中国、澳大利亚、巴西、南非等十余个全球主要澳洲坚果产地国，研发项目涵盖澳洲坚果产业链12个领域。研发中心将在临沧市政府的大力支持下，对澳洲坚果全产业链开展研发，研究成果共享于世界，合力构建“全球澳洲坚果科技支撑体系”。云南坚果走出迈向国际的重要一步。

4. 产业提质增效成果显著

在发展坚果产业过程中，临沧提出了“基地建设标准化、种植品种良种化、林下产业配套化、采收加工一体化、产业组织健全化”的提质增效标准，制定了技术规程、验收办法和奖惩措施。从2014年开始，每年在全市种植澳洲坚果的乡镇推进1～2个面积

66.67公顷以上的提质增效示范村建设，整合产业发展项目资金，采取以奖代补的形式给予重点扶持。全市已建设澳洲坚果提质增效示范村160个，覆盖面积2.062万公顷，改造低劣品种14万株。临沧充分利用部门资源和有关政策，大力支持鼓励企业参与坚果基地建设和产品精深加工，精深加工初具规模。目前，已有云南云澳达、中澳农科、松哥等5家公司、30余户种植大户在临沧投资发展坚果产业。其中，云南云澳达坚果开发有限公司在镇康县南伞镇投资建设了万吨坚果加工生产线，研发了包括果壳、果仁6大系列19个精深加工产品，以“云澳达”“云果”“云果大仁”为代表的品牌，荣获云南著名商标、云南省名牌、云南省农产品名牌等称号，并逐步成为世界优质坚果的代表。

目前，临沧已成为中国乃至世界上澳洲坚果产业核心区，种植面积世界最大、产量居全国第一位。在临沧成功举办的澳洲坚果国际会议，云南成为了全球澳洲坚果同行关注的热点地区。云南临沧借助举办第八届国际澳洲坚果大会的机遇，紧紧抓优质产品的研发和发展，以及行业标准的制定，使中国的澳洲坚果产业及其配套科技在国内外已享有较高的知名度，在品种培育和改良、栽培、加工等方面，部分成果处于国际领先水平。临沧的区位优势正在凸显，依托国家“一带一路”的建设和孟中印缅经济走廊，借助国家赋予临沧边境经济合作区建设的航标，临沧澳洲坚果将进一步走向世界。

(二) 文化节、世界芒果大会带动百色芒果产业发展

1. 百色芒果产业发展现状

广西百色右江河谷是中国四大干热谷之一，冬春少雨，春季回暖快，非常适合芒果种植。20世纪80年代中期以来，百色把种植芒果作为振兴经济、促进人民脱贫致富的一项支柱产业来抓，提出了建设右江河谷芒果生产基地、种植百万亩芒果的目标。经过30

多年的培育，百色芒果产业获得了长足发展，百色已成为中国最大的芒果生产基地，芒果品种达40多种。截至2019年年底，百色芒果种植面积突破130万亩，以种植芒果为主导产业的乡镇达45个，辐射带动全市9.5万农户45万余人加入芒果种植行列，芒果单项人均纯收入约7 000元，芒果种植成为当地群众脱贫致富的重要途径。近年来，百色市设立百色芒果全市统一开采上市日制度，严格保证果品品质，实行“统一产品名称、统一产品包装、统一生产技术规程、统一质量要求及使用专用标识”的“五统一”机制，打造对外良好品牌形象。“百色芒果”先后获得农业农村部农产品地理标志登记、原国家工商总局地理标志证明商标、原国家质检总局国家地理标志产品保护，品牌价值全面提升，如今“百色芒果”已成为国内市场上的明星果和著名商标。

2. 农业会展活动带动芒果产业发展

百色芒果产业今天取得的成效，离不开百色政府积极作为，通过各类农业会展活动带动百色芒果产业的规模化、集约化、标准化、品牌化发展。百色市政府的主要做法有：

（1）举办芒果推介会，推广百色芒果品牌。2010年之后，百色市全面统筹各县芒果资源，统一使用“百色芒果”品牌，并在北京、重庆、杭州、银川、哈尔滨、西安等城市举办芒果推介会。2011年7月，百色市在北京最大的农产品批发市场“新发地”举办芒果推介会，桂七芒、红贵妃、金煌芒等10多个优良品种悉数亮相，近100名商家前来参观、洽谈合作。北京推介会后，到百色收购和下订单的客商明显增多，仅8月1日，就有北京、青岛、陕西、河北等省市的7家水果经销商前来考察，并当场订购80吨，交易额近50万元。其中，大部分芒果在超市和中高端市场销售。2014年，百色芒果行销香港活动引来了香港许留山、满记甜品的采购单。2015年7月，百色市再赴香港举办“多彩芒果　百色商机”芒果品尝展示暨投资环境推介会，推动百色芒果通过香港与国际市场对接。

（2）举行芒果节，扩大百色芒果知名度。伴随着芒果产业的发展，芒果文化应运而生。百色芒果重要产区田东县因势而谋，顺势而为，积极举办芒果文化节，大力加强芒果品牌文化建设。田东县芒果种植条件可与世界上最佳芒果生产地泰国曼谷、印度孟买相媲美。田东种植芒果历史悠久，早在宋朝、元朝时期，百色田东芒果就作为地方名产进贡朝廷。1996 年，田东县荣获“中国芒果之乡”称号。2011 年，国家质检总局批准“田东香芒”为地理标志保护产品。2015 年，“百色芒果”获得农产品地理标志登记证书，按照百色市委、市政府统一“百色芒果”品牌战略，田东县摒弃了“田东芒果”的宣传和包装，统一使用“百色芒果”公共品牌，规范使用农产品地理标志，迅速提升了“百色芒果”品牌影响力，芒果价格连年上涨，产业规模迅速扩大。2018 年全县芒果种植面积 32.8 万亩，产量 21.36 万吨，产值 12.8 亿元。田东县自 1996 年开始举办第一届芒果节，至今已走过 24 个年头。2011 年，田东芒果文化节被中国农学会、广西农业厅评为“广西休闲农业十佳名节”。在 2019 年百色·田东芒果文化活动月（节）期间，开展了宣传活动、旅游活动、经贸活动、文体活动 4 大板块 10 多个项目。截至 2019 年，田东县已举办 14 届芒果文化节（活动月），百色·田东芒果文化活动月已经成为一张闪亮的地域名片，成为弘扬芒果文化、展示田东形象、提高芒果品牌的知名度、推动农村经济发展的平台。

（3）举办世界芒果大会，推动百色芒果产业升级发展。世界芒果大会是国际园艺学会芒果专业委员会下属的专业性国际会议。国际园艺学会是世界园艺科学界的权威机构，1959 成立于法国巴黎，总部设在比利时，学会现有来自 150 个国家和地区的近 7 000 名会员。世界芒果大会是国际芒果科研领域规模最大的盛会，也是一项备受关注的国际重大活动。芒果专业学会创于 1974 年，每 2 ~ 4 年举办一次芒果大会，曾先后在印度、美国、澳大利亚、以色列、泰国、巴西、南非、多米尼加和中国三亚举行。为展示百色芒果产业优势，打响百色芒果品牌，推动百色芒果走向世界，打造世界级的优势芒果产业，2015 年，田东县代表百色市在澳大利亚达尔文市通过竞争性申办，成功争取到了 2017 年第十二届世界芒果大会的举办权。2017 年世界芒果大会的举办地田东县芒果种植面积占全百色芒果种植面积的 1/4，田东香芒远销日本、美国、澳大利亚、欧盟、东盟等国家和地区。第十二届世界芒果大会选择在百色田东举行，为百色芒果产业提升发展提供了一个良好契机和平台。第十二届世界芒果大会主题为：芒果可持续发展与减贫。有来自中国、美国、法国等 22 个国家和地区的 183 名专家、学者参加会议。为开好第十二届世界芒果大会，田东县投资 10 600 万元建设了中国芒果文化博览园，投资 16 068.5 万元建设了中国芒果交易中心。田东县还成立了中国芒果产业协会、中国芒果技术研发中心、中国芒果质量技术监督中心，建设世界芒果展示中心，与农业农村部携手建立国家级芒果产业创新示范园区和芒果基因库，让芒果经济组织和农户分享世界芒果产业发展成果。第十二届世界芒果大会的举办，促进了百色芒果产业发展升级，让世界了解了百色芒果，提升了百色芒果品牌影响力和价值。2019 年，“百色芒果”成功入选 2019 中国品牌价值评价信息区域品牌百强榜单（居第 58 位）。“百色芒果”成功入围区域品牌百强榜单，将进一步提升产品的知名度和市场竞争力，促进产业增效、农民增收。如今，百色全市 12 个县（市、区）均有芒果种植，以种植芒果为主导产业的乡镇达 45 个，占全市乡镇总数的 1/3，覆盖 208 个贫困村 5.2 万农户 19.29 万人，芒果成为百色覆盖面最广、支撑力最强的扶贫产业。第十二届世界芒果大会举办地田东县，已形成千亩、百亩连片规模的芒果种植基地，1 000 亩连片基地有 8 个，占地约 1 万亩，500 亩连片基地约 3 万亩，200 亩连片约 4.5 万亩，100 亩连片约 8.7 万亩。形成了以平马镇东达村文设芒果家庭农场、祥周镇莲塘村中国芒果文化博览园、林逢镇东养村百冠芒果生态园、林逢镇林驮村那王芒果庄园和思林镇良余村举家富山地芒果产业示范区等为主的田东县芒果产业（核心）示范区。同时，田东县以芒果为核心的休闲旅游基地发展迅速，依托芒果产业发展休闲农业与乡村旅游示范点，极大程度带动了产旅融合发展。目前，田东县已形成蓝鹏芒果休闲农庄、东养百冠芒果生态园及那王芒果山庄等独具特色的休闲农业体和那王屯等特色村屯。2019 年，田东县 10 个种有芒果乡镇，辐射带动 108 个行政村 15 545 个农户 4.6 万余人，解决 3 万多农村劳动力就业问题，人均芒果纯收入 8 642.77 元；芒果产业辐射带动 28 个贫困村，占全县贫困村总数的 52.83%，累计有 0.27 万贫困户 1.1 万人依靠种植芒果告别了贫困，走上致富的道路。

继 2017 年成功举办第十二届世界芒果大会后，2019 年由百色市人民政府、农民日报社和金恪集团共同主办，百色国家农业科技园区管委会、广西高新农业产业投资有限公司、农民日报社三农发展研究中心、杭州金恪云数据技术有限公司、百色市右江区人民政府承办，中国热带农业科学院、广西百色新农人乡村云科技有限公司、百色市芒果协会协办，中国林业产业联合会支持的中国芒果产业绿色发展大会在百色召开。百色作为广西建设“一带一路”有机衔接的重要门户城市，国际、国内高水平芒果会议在百色的召开，给百色搭建了与相关国家和地区加强交流合作、提升百色产业发展的广阔平台。

（三）月柿节、国际柿学术研讨会带动恭城月柿产业发展

1. 发展特色产业，打造产业品牌

广西柿树面积和产量居全国第一，主要集中在恭城和平乐两县。恭城因其独特的地理环境和气候特征，恭城所产的柿子去皮，晒成柿饼后，质软、透明，表皮的一层白霜，形如一轮明月，故名月柿，已有 400 多年栽培、加工历史。作为广西传统出口创汇名优产品，恭城月柿具有较高的知名度和美誉度，产品畅销全国，还出

口到日本、韩国、东南亚及地中海沿岸国家和地区，深受消费者的喜爱。20 世纪 80 年代以来，恭城县坚持从实际出发，充分发挥地方果树良种资源和名优果品的品牌优势，带领群众发展恭城月柿产业，恭城月柿种植规模逐年扩大，产业效益逐步提高，产业化经营初具雏形。经过近 30 年的发展，通过扶持龙头企业、专业合作社发展“市场 + 企业 + 基地 + 农户”模式，恭城月柿产业化水平不断提高，逐渐实现了标准化种植、规模化经营，形成了以莲花镇、西岭乡、加会乡为主的恭城月柿产业带，并成为全国最大的月柿生产基地和销售集散地。恭城月柿深加工成为全县三大支柱产业之一，柿饼加工实现工厂化。1996 年，恭城县被国家农业农村部中国特产之乡命名宣传活动组委会授予“中国月柿之乡”称号，2001 年 12 月，被科技部列为“国家可持续发展实验区”，是广西唯一获此殊荣的县。2001 年，恭城月柿被评为“中华名果”，是广西唯一获得柿优良单株奖的县。2008 年，全县 0.67 万公顷月柿被农业部认定为绿色食品（水果）生产示范基地，全县 0.27 万公顷月柿果园获得了出口注册果园。桂林恭城丰华园食品有限公司生产的脆柿、柿饼通过绿色食品认证，并获得出口欧盟注册果园资格。2014 年 11 月，经国家质检总局考核批准为“国家级出口食品农产品安全示范区”。2015 年 12 月，国家质检总局正式批准对“恭城月柿”进行地理标志产品保护。截至 2019 年，恭城先后获得“中国月柿之乡”“全国绿色食品原料（柑橘）、（月柿）标准化生产基地县”等荣誉称号，恭城月柿也成功注册为地理标志证明商标，成为了当地的一张响亮名片。

2. 持续举办月柿节，促进产业融合发展

为做大做强月柿产业，提高恭城月柿的知名度、信誉度，增加产品的附加值和增强市场竞争力，从 2003 年开始，恭城坚持“以节为媒，广交朋友，文化搭台，经济唱戏”的原则，恭城利用红岩村万亩月柿基地，每年 10 月举办桂林恭城月柿节，带动旅游业发

展，“品瑶乡月柿，喝恭城油茶，住生态家园，做快活神仙”成为瑶乡一大特色品牌。截至2019年，恭城月柿节已成功举办了16届，累计接待游客400多万人次。“恭城月柿”品牌知名度快速提升，2006年，“恭城月柿”地理标志证明商标注册成功，2011年，恭城月柿被评为广西休闲农业“十佳名品”，月柿红饼被认定为绿色食品A级产品，月柿产业已经成为恭城农民增收的新的增长极。月柿节的持续举办，成功打造了恭城高品质生态旅游目的地形象，带动了以休闲观光和“农家乐”为代表的恭城生态文化旅游产业快速发展。连续举办的十六届月柿节，发挥了明显的助农增收带动效应，恭城月柿的产量和质量不断提升，月柿产业已成为恭城农业支柱产业，是农民增收的重要来源。据2018年统计公报，恭城县月柿种植面积达到11 511公顷，产量49.2万吨，产值约5.82亿元。历届月柿节的主办地——莲花镇红岩村，2006年被列为“全国十大魅力乡村”，每年月柿节期间300多间农家乐客房爆满，一年四季客流不断，旅游业的发展带动了包括月柿在内的农产品的畅销，户均收入10万元以上，有6户人家年收入超过20万元，实现了“果园变公园、农家变旅馆、农民变老板”。月柿节效应逐渐向恭城县各乡镇扩散，嘉会镇泗安村、龙虎乡新型水街特色城镇、观音乡石坪瑶寨等景区游客持续增长，全域旅游格局逐渐形成。通过引导民间举办民俗文化节庆等活动搭建水果销售平台，为农民增收、为经济助力，恭城月柿的经济效益显著提升。“恭城月柿节”被列为广西壮族自治区文化致富工程的五大模式之一。

3. 举办国际柿学术研讨会，提升产业发展质量

2012年，在第九届恭城月柿节举办期间，同期举办了第五届国际柿学术研讨会，有来自澳大利亚、日本、巴西、意大利等10多个国家及国内的120多名专家学者和嘉宾参加了研讨会。第五届国际柿学术研讨会由国际园艺学会主办，中国园艺学会和华中农业大学承办，国家自然科学基金委员会、广西壮族自治区桂林市恭城

瑶族自治县人民政府、桂林电子科技大学、西北农林科技大学、中国林业科学研究院亚热带林业研究所、南京农业大学、河北农业大学、河南省林业科学研究院等协办。会议围绕“历史，遗传多样性和产业”这个主题，在湖北武汉开幕，在广西恭城县举行了总结和闭幕式。与会的120多位专家学者移师广西恭城后，参观了恭城柿果脱涩包装企业——恭城丰华园食品有限公司和莲花镇红岩村万亩柿园，参加了“全国柿产品和作品展示会”，专家们对恭城科学发展月柿产业，使其成为农民增收致富的支柱产业的做法表示了积极的称赞，并从如何栽培、产品研发、深加工等多个方面为恭城月柿产业发展提出了建议。中国柿子产业开发主要在柿果及其加工产品方面，如柿饼、柿片、柿酒、柿醋等。而在国际上，如日本、韩国等国利用柿子已开发出香皂、洗涤剂、去异味剂等80多种延伸产品。相比而言，中国柿子产业链开发尚不完整，市场前景十分广阔。第五届国际柿学术研讨会落地恭城县，为恭城县月柿产业搭建了国际交流平台，对于恭城延申月柿的产业链、打造月柿产业品牌，提升恭城月柿产业发展质量起到了积极重要的推动作用。

（四）苹果博览会、世界苹果大会带动洛川苹果产业发展

1. 洛川苹果产业

陕西省洛川县位于陕西中部，这里沟壑纵横，丘陵起伏，是中国少有的黄土地质带，海拔800~1200米，昼夜温差大，光照充足，是苹果最佳优生区。陕西洛川苹果种植已有70余年的历史，通过不断的技术改良和生产实践，从生产到销售，形成了一条基本完整的产业链。洛川县耕地64万亩，耕地总面积的90%种植了苹果，50多万亩苹果成为全国唯一整县通过国家绿色食品（苹果）原料生产示范基地，是国家农业农村部确定的全国优势农产品苹果优势产业带的核心地区、全国唯一的优势农产品（苹果）产业化建设示范县。

洛川苹果果形端庄、色泽艳丽、肉质脆密、含糖量高、品质优良。依托得天独厚的自然条件，洛川县已建成优质苹果出口生产基地20万亩，认证有机苹果生产基地5.8万亩，创建国家级苹果标准园2个，面积2 000亩，建成省级示范园63个，面积8 500多亩，居全省第一位。全县16万果农中，95%都从事的是苹果生产，95%的收入也来自苹果产业，60%以上的果农户年均收入达到10万元以上，12%的果农户年收入超过20万元，农民人均苹果纯收入连续6年达到万元以上，洛川县真正实现了“一县一业”，成为产业富民的典范。

洛川苹果远销30多个国家和地区，销售市场覆盖全国大多数一、二线城市，获得“北京奥运会专供苹果”、“上海世博会指定苹果”、“广州亚运会专用苹果”等30多项品牌和冠名权，荣获省部级以上大奖180多项，并多次作为“国礼”赠送外国元首。洛川还以苹果为原料，形成了苹果汁、苹果醋、苹果脆片、苹果酒等系列加工业。2016年，苹果汁、苹果醋、苹果脆片生产能力超过6 000吨，年产值7亿元，产品远销国内外。此外，洛川还建成集采摘体验、休闲度假为一体的三产观光园、苹果农家乐特色村10个，形成集科普教育、观光休闲为一体的“苹果之都、休闲胜地”旅游线路4条，三产年接待游客30万人，实现产值5亿元。

2019年发布的中国农业品牌目录100个农产品区域公用品牌价值评估榜单，洛川苹果以超过500亿元的品牌价值，居全国农产品第2名、水果类第1名。目前我国农产品区域公用品牌价值超过500亿元的仅有4个，分别是洛川苹果、五常大米、赣南脐橙和盘锦大米。

洛川苹果产业发展的成效，是陕西会展农业的一个范例。

2. 举办会展打造产业品牌

陕西洛川是联合国粮农组织认定的世界苹果最佳优生区，生产的果品品质世界一流，要想让洛川果品卖出更好的价钱，就要让它们受到国内外市场的青睐，尤其是打入美、欧、澳等高端市场。洛川县通过举办有影响的国际、国内会议，努力提高洛川苹果的国际影响力，加快洛川由果业大县向果业强县转变。

2004—2006年，在洛川连续3年成功举办了有27个国家和地区参加的东盟"10+3"果品企业家圆桌会议，促进双边多边贸易。2004年以来，陕西每年组团参展东盟博览会，每年通过广西凭祥等主要口岸出口东盟的果品25万吨，货值接近4亿美元。

2008—2019年，在洛川连续举办了12届"中国·陕西（洛川）国际苹果博览会"。中国·陕西（洛川）国际苹果博览会是农业部多年来支持打造的、具有广泛影响力的品牌展会，是宣传推介苹果产业的重要窗口、促进贸易交流合作的重要途径，对以洛川苹果为代表的陕西果业乃至于西北地区果业发展，发挥了极其重要的带动作用。

2015年，在陕西洛川召开了由农业农村部市场与经济信息司、种植业管理司、陕西省农业厅、延安市人民政府支持，中国农产品市场协会、中国苹果产业协会、中国果品流通协会、洛川县委县政府主办的首届中国苹果品牌大会。全国苹果生产基地县的代表、果品加工企业、苹果批发市场经销商和参加第八届中国·陕西（洛川）国际苹果博览会的200多人参会。

2016年，在陕西杨凌和延安洛川举办了第一届世界苹果大会，向世界展示中国苹果。第一届世界苹果大会由国际园艺学会发起，由农业农村部、陕西省人民政府、国际园艺学会、中国工程院、中国人民对外友好协会主办，陕西省农业厅、陕西省商务厅、延安市人民政府、中国园艺学会、西北农林科技大学、中共洛川县委、洛川县人民政府承办，中国农产品市场协会、中国苹果产业协会、中国果品流通协会、中国建设银行陕西省分行协办，来自美国、英国、澳大利亚、哈萨克斯坦、新西兰等36个苹果主产国的150多位知名专家以及中央和国家有关部委领导、企业代表、社会各界相关人士参会。大会期间共签订苹果购销合同和投资协议119份，苹果签约量35.2万吨，苹果销售金额和项目资金额79.08亿元。第一届世界苹果大会在陕西的举办，既是对以陕西为代表的中国苹果产业发展给予的充分肯定，也是为陕西提供了共享农业发展成果、创新战略合作机制、促进产业转型升级的重要平台，对于打造推介陕西和中国苹果品牌、提升苹果产业国际竞争力具有重要意义。

上述会议很好地带动了洛川苹果产业规模化、标准化、集约化发展，促进了洛川苹果质量全面提升，大大提升洛川苹果品牌知名度，提升了洛川苹果产业发展水平和核心竞争力，增强国际市场开拓能力，形成了覆盖全国，出口东南亚、欧洲等30多个国家和地区的销售网络。

十一、会展农业发展趋势及对策建议

（一）会展农业发展趋势

1. 发展模式由单纯的政府主导型向市场主导型、协会主导型等转变

目前，国内大部分地区的会展农业主要以政府主导型为主，其原因主要是政府天然具有的公信力和号召力为会展及产业发展提供了重要保证，同时，政府能够通过强有力的行政手段，迅速有效地组织实施会展。再者，会展农业离不开农业会展，而包括农民、农村专业合作社甚至农业企业等在内的农业行业的主体大都不具备举办农业会展的能力。因此，目前的会展农业主要以政府主导型为主。例如，北京举办的大兴西瓜节、平谷桃花节、昌平世界草莓大会、通州的世界食用菌大会等主要农业会展都是由政府主办，投入的成本较高，知名度也较高，具有良好的社会效益。但是，从经济效益来看，投入产出比不很理想。所以，随着会展行业的迅速发展，会展农业势必要寻求市场主导型、协会主导型等多样性的模式，以进一步提高会展农业的经济效益和社会效益。当然，国内也有对其他的形式进行的尝试，例如丰台的种子大会，自 1992 年以来已经历经 21 年，经历了从无到有、从小到大的发展历程，分析其能够连续举办、长盛不衰的原因，“政府引导、市场运作、企业主体”的办会模式便是其中之一。在历届种子大会的举办中，都坚持以市场为导向，实行市场化运作，谋求会议本身和参会企业的利

益最大化，同时确立企业的主体地位，吸引企业参与，在带动种子产业发展的同时，在办会的投入产出上做到了“以会养会，略有盈余”。再如以中国（青岛）国际品牌农产品博览会为例，已经开始由政府主导向市场主导型、协会主导型转变。2018 年的中国（青岛）国际品牌农产品博览会由中国优质农产品开发服务协会、青岛市农业委员会、青岛国信集团、青岛国际会展中心、青岛国展商务展览有限公司联合组织，2019 青岛农博会由青岛国信集团主办，青岛市农业农村局、陇南市农业农村局、青岛市供销合作社、青岛乡村振兴研究院支持。

2. 从以特色产业为基础向引导农业产业布局优化调整转变

2016 年，中央农村工作会议指出：“推进农业供给侧结构性改革，首先要把农业结构调好调顺调优。”习近平总书记指出：“要准确把握新形势下‘三农’工作方向，深入推进农业供给侧结构性改革；要在确保国家粮食安全基础上，着力优化产业产品结构。”2018 年中央农村工作会议进一步要求，要以对农业供给侧改革的推进为主线，在优化农业产能与增加农民收入的目标指引下，进行现代农业产业体系的强势构建。农业供给侧结构性改革的首要任务是优化农业结构。在农业供给侧结构性改革背景下，会展农业应紧紧围绕优化产业结构和优化产品结构发展。优化农业产业结构的方向和重点就是促进粮食、经济作物、饲草料三元种植结构协调发展，要充分利用国际、国内两个市场、两种资源，挖掘国际、国内两种资源潜力，推进一二三产业融合，拉动农业产加销全产业链条，推进一体化经营，整合产业链、共享价值链，促进农业增产、农民增收，促进现代农业发展。优化产品结构就是要适应市场需求，从战略层面对农产品结构进行优化，把提高农产品质量放在更加突出的位置。因此，今后会展农业的发展要从以特色产业为基础向引导农业产业布局转变，遵循的路径见图 2。

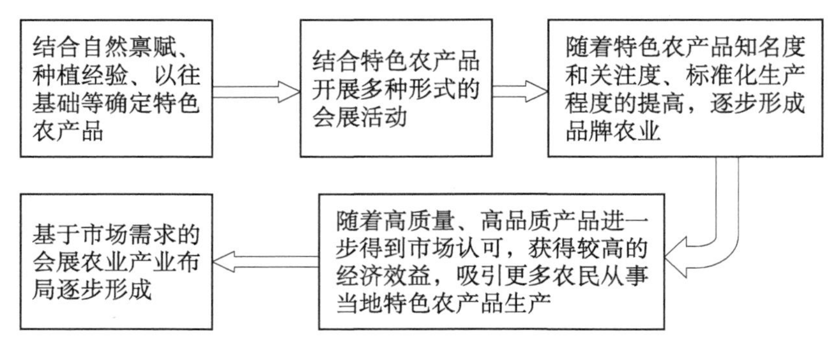

图2　会展农业引导农业产业布局遵循的路径

3. 引导农业向品牌农业转变

随着消费者生活水平的提高及生活理念的改变，有利健康、安全可靠、品种多样、品质优良的农产品越来越多地得到市场的认可。同时，由于同类农产品的同质性较高，消费者只能凭肉眼识别农产品的清洁度、新鲜度，无法了解农产品的品质特征及安全、无污染等情况。相对来讲，品牌农产品能够突出农产品的差异性，有利于消费者区别农产品的品级，方便选购。同时，品牌农业可帮助农民调整农业生产，进而提高农业生产效益。从目前来看，国内会展农业大多停留在通过开展节庆活动、举办展览会等形式对当地的特色农产品进行推介，虽然部分地区开始重视农产品的品牌化经营，例如北京“老宋瓜王”这一品牌是大兴区庞各庄西瓜的代表，在历届“西瓜节”上均得到了推广，然而总体来看，大部分地区对于特色农产品的品牌还整合得不够，宣传不到位。所以，会展农业的发展一定要通过“会展”这一形式，逐步完成各地区特色农业的品牌建设，提高农产品附加值，使农民、消费者和政府等各方的利益均得到提高。

（二）会展农业发展对策建议

为更好地推动会展农业持续、健康发展，结合国内会展农业发展实践，提出以下对策建议。

1. 充分认识会展农业在现代农业中的作用

国内会展农业丰富的实践证明，会展农业在加快农业发展方式转变，促进农产品贸易、带动农业产业升级、优化产业结构布局、打造现代农业品牌、促进农民持续增收、满足消费者新的休闲需求、提高我国农业的世界影响力等方面都发挥着不可替代的作用。要充分认识到会展农业在发展我国现代农业中的作用，站在发展我国现代农业的高度来认识会展农业，有助于客观分析地区现代农业的现状，有助于判断地区现代农业的未来发展方向，有助于研究推进会展农业发展的政策措施。

2. 政府做好角色定位，充分发挥管理和服务职能

在会展农业的发展过程中，政府要充分发挥决策、组织、指挥、监督和协调等方面的职能，加大服务力度，对农民、农业合作组织、会展企业、农业龙头企业等各类会展农业主体进行适时适当的引导、管理和服务。目前，国内的农业展会大都是由政府主办，政府投入巨资，吸引了众多媒体的关注，但是，评估其对当地的贡献，最为明显的是与会议相关的基础设施的改善。政府作为会展农业的主体之一，要逐步进行角色的转变，改变投资者的身份，将其转变为指导者，逐步吸引行业协会、相关企业的资金投入，实现“政府推动，企业组织”的运作模式，使会展不再成为政府的负担，这样，会展农业才会具有永久的生命力。同时，在会展农业产业布局的形成过程中，由于政府掌握着大量的信息资源，对各地的自然禀赋、种植历史、各类农产品收益等情况最为了解，政府在会展农业的产业布局中要加强规划和引导，形成合理布局，避免重复建设，高效利用各地的农业资源。

3. 加强对会展农业的组织领导

进入 21 世纪以来，特别是近年来，会展农业的发展速度明显

加快，需要对之加强领导，并成立相应的行业组织，以加强行业自律。鉴于会展农业涉及农业与农村、商务、旅游、科技、交通、安全、消防等多个部门，因此，在会展农业的组织领导上，建议将牵头和主管机关明确为地区的农业农村局（委员会），职责主要包括制定会展农业发展规划，参与制定并完善会展农业发展的法律法规，加强会展农业发展的监督与指导，强化对农业贸易促进、农业旅游观光等工作的指导和支持等。此外，还应组建由有关政府部门和企业事业单位组成的会展农业行业协会，以加强对会展农业发展过程的规则与标准制定及重大问题调研、协调和处理。

4. 制定会展农业发展规划与实施意见

近年来，国内各地的会展农业发展如火如荼，世界级的农业会展盛事接连不断，呈现出一派欣欣向荣的景象。但在发展过程中也不免存在着一种无序的乱象。由于会展农业难免要依托一定的资源禀赋，而且短暂的展会与具有深厚底蕴的农业产业真正融为一体，才能形成充满活力和能够持续健康发展的会展农业。因此，要对各地区的资源、区位、人文等客观条件作出科学判断，根据地区国民经济和社会发展的整体规划，以及会展业、旅游业发展规划对地区会展农业发展的区域布局进行科学谋划，以编制切实可行的会展农业发展规划，并在此基础上出台具体的具有扶持和引导意义的实施意见，引导地区的会展农业步入有序的可持续发展之路。在规划编制中，可采取引入“一业多点”“一业多区”的方式，以体现会展农业的多样性及不同地区会展农业不同的发展特点，以及充分利用分布在不同地区的场馆、设施分散客流压力。

5. 结合《特色农产品优势区建设规划纲要》布局会展农业

2017 年，发改委、农业农村部、国家林业和草原局联合印发了《特色农产品优势区建设规划纲要》（以下简称《纲要》）。《纲要》提到，鼓励地方做大做强优势特色产业，争创特色农产品优势区，把地方土特产和小品种做成带动农民增收的大产业。《纲要》指出，到2020年，创建并认定300个左右国家级特优区。规划纲要按照既要强调"特色"、更要突出"优势"的原则，将特色农产品归类为特色粮经作物、特色园艺产品、特色畜产品、特色水产品、林特产品5大类29个重点品种（类）。其中，对生产规模比较大、区域分布广、带动农户多的，选择具体品种创建，包括马铃薯、苹果、茶叶等；对单个品种产业规模小、产品功能相似、适宜生长区域相近的，按多个品种归类创建，包括特色粮豆、道地药材、食用菌等；由于特殊的生产销售模式，难以细分品种的，按照生产销售模式创建，包括特色出口蔬菜及瓜类、季节性调运大宗蔬菜及瓜类等。《纲要》将特色农产品优势区定义为具有资源禀赋和比较优势，产出品质优良、特色鲜明的农产品，拥有较好产业基础和相对完善的产业链条、带动农民增收能力强的特色农产品产业聚集区。《纲要》明确特色农产品优势区主要在粮食生产功能区和重要农产品生产保护区（以下简称"两区"）之外创建，"两区"内个别具备传统优势、地理标志认证、较强市场竞争力和全国知名度的区域特色产品，也可创建特优区。以下农产品可以作为发展会展的重点：

（1）特色粮经作物。包括马铃薯、特色粮豆、特色油料、特色纤维、道地药材。马铃薯重点推进加工产品多元化，延长产业链，着重加强种薯基地建设、种薯资源管理，推广绿色高产高效栽培技术，大力发展马铃薯加工业。特色粮豆突出其品质优良、营养丰富的特征，加快功能性食品开发，促进出口，着重加强品种选育，推广绿色高产高效栽培技术，加强加工出口基地建设和品牌建设。特色油料突出其油用性，兼顾多种休闲营养食品开发，着重加强高产高油品种培育，推广绿色高产高效栽培技术，推进加工品开发和品牌培育。蚕茧、麻类等特色纤维突出其历史传承价值，重铸"丝绸之路"辉煌，着重加强优质品种选育和推广、标准化生产基地建设、加工设备研制、副产品综合利用。道地药材突出为中医药事业传承发展提供物质基础，加强道地药材的保护，建立种质资源保护体系，推动道地药材区域化、规范化、生态化生产，规范栽培和加工，推进原产地认证，建设现代生产物流体系。

（2）特色园艺产品。包括出口蔬菜及瓜类、季节性外调大宗蔬菜及瓜类、苹果、柑橘、梨、桃、葡萄、热带水果、猕猴桃、食用菌、茶叶、咖啡、花卉。特色出口蔬菜及瓜类突出提升产品国际竞争优势，带动区域经济发展，着重加强良种繁育和推广、质量标准体系建设、采后处理和深加工。季节性外调大宗蔬菜及瓜类突出利用不同区域自然资源优势，满足各地淡季瓜菜需求，形成错位竞争，着重加强标准化瓜菜基地、产地批发市场和冷链物流设施建设。苹果突出提升生产技术水平，完善市场营销和生产合作组织，延长产业链条，着重加强标准化果园、采后处理、仓储物流和精深加工等设施建设。柑橘突出发展轻简绿色栽培技术，拓展鲜果加工业，着重加强能适应机械化、高产优质和多抗品种的推广，病虫害绿色防控、标准化果园建设、加工产品开发、培育知名品牌。梨突出提升品种品质，强化市场营销和产品加工，着重加强品种保护、推广省力化和优质化栽培技术、提升采后分级包装和商品化处理能力。桃突出发展早晚熟品种，提升产品均衡上市能力，着重发挥各产区优势，调整优化内部品种结构，开发低糖、高酸等差别化、个性化品种，推行标准化、绿色生产，延长产业链条。葡萄及特色浆果突出品种品质的提升，适应市场需求，扩大出口，着重加强无核、优质、抗病、耐储运品种培育，推广农艺农机结合的轻简化栽培技术，采后商品化处理，推进葡萄及特色浆果的精深加工。热带水果突出产品的多元化开发，着重加强品种改良、标准化种植、产后处理、贮藏保鲜和精深加工，打造热带水果全产业链。猕猴桃突出提升产品品质，培育知名品牌，拓展国际市场，着重加强良种繁育基地建设和高标准核心示范基地建设，发展果品采后商品化的初加工业、果品精深加工业。食用菌突出优质新品种的开发驯化和标准化生产，提升产品效益，着重加强食用菌菌种繁育基地建设和设施升级，提升产品质量，开发多样性产品和市场。茶叶突出国际高端市场的开拓，提升出口产品竞争力，着重加强茶树品种改良、提高茶园机械化水平，标准化生产基地建设、初制茶厂改造与加工环境整治，打造区域公用品牌。咖啡突出产品品质提升，扩大生产规模和技术水平，着重加强优质咖啡豆原料基地、精加工生产基地和营销体系建设，培育咖啡知名品牌，提升产业国际市场竞争力与影响力。花卉突出新品种的开发培育，加强国际市场的开发，着重加强品种创新、栽培与繁殖技术研发、专利申请和保护、完善鲜切花行业标准、市场体系和花卉供销网络建设。

（3）林特产品。包括木本油料、特色干果、木本调料、竹子特优区。木本油料突出提升良种化水平，优化品种结构，强化生产能力建设，着重形成相对完备的木本油料类产、供、销产业链条，提高副产品的综合利用。特色干果突出生产能力提升，加强优质高附加值的特色产品开发和精深加工，扶持产业龙头企业发展，着重加强良种繁育与优良品种鉴选，加强基地建设，推进生产技术与产品的标准化，开发优质特色果品系列产品，培育一批名牌产品，加强特色果品质量安全管理。木本调料突出特色产品的标准化生产，强化产品开发和市场营销，提升产品附加值，拓展国际市场，着重加强良种繁育和推广，以加工企业为龙头带动产业发展，实现木本调料标准化生产，开发系列特色木本调料产品，做精做强名牌产品。竹子突出加强产品精深加工业的发展，扩大竹产品市场，着重提升竹林经营水平，促进原竹和竹笋产量质量双增长，增加竹产业直接就业人数，提高竹资源综合利用率，促进一二三产业融合发展。

6. 建设重点突出城市服务展示区和近郊田园景观区

作为农业的新型业态，会展农业在布局与发展的方向上既要考虑农业会展的发展，也要依据农业的布局与发展而相应发展。由于会展农业与城市中的会展有紧密的联系，从方便参展商和参观者的角度，会展农业宜布局在地区农业发展布局设计的城市服务展区和近郊田园景观区。要安排在交通方便，同时农业展示效果又比较好的地区。根据农业生产的特点，会展农业在布局上还需要考虑农业生产的要求，部分有特定生产条件需求的农业项目，则需要根据农业专业区划的条件考虑布局。综合上述两个因素，未来会展农业主要根据农业会展的发展，服务于农业会展，同时，也要考虑农业生产的条件和要求，在适宜的农业生产区中发展。

7. 注重会展农业的多途径发展

从已有的条件看，未来会展农业应依据以下条件发展：一是扩大现有基础的项目。以北京为例，会展农业已有一定基础条件的主要有，配合国际草莓大会发展的草莓会展农业；配合我国第七届花博会的花卉会展农业；配合丰台种子大会的种子产业；配合大兴西瓜节的西瓜会展农业；配合世界食用菌大会的会展农业；以及全市1 000多个以展示农业新技术、新品种等为主的农业科技会展农业等。这些项目中，有的已存在多年，有一定的社会需求和发展条件，除对专业人员展示外，还面向普遍旅游者，部分具有科普园、观光园、采摘园的综合性质，可以根据需求在现有基础上提高科技水平和专业水平，不断完善并发展壮大。二是培育已有条件的项目。根据各地已经基本形成的农业特色，种植面积很大的特色农产品，已经具备了发展会展农业的条件。有的则是几个区县成片种植同一种农作物，可以让会展农业服务于跨区县的发展，如北京延庆和河北怀来跨区县发展的葡萄和葡萄酒产业。

8. 发挥科技、人才及会展资源等优势

要依托地区的科技、人才及会展资源等优势，根据地区现代农业发展的特点，着重展示高科技农业的崭新领域及农业科技的最新成果。从国内现有的会展农业实践看，无论是会展所展示的，还是周边形成的农业产业生产区域，都充分体现了农业产业与科技、人才结合的新水平，值得今后在各地发展会展农业中借鉴和推广。在

会展农业的发展中，各地首先要与农业科研单位“结对子”，实行地院结合，同时要引导区县和企业与科研院所“结对子”，在政策上激励农业科技人员的深度参与，真正促进农业会展上档次、上质量、上水平。此外，还应广泛应用先进的会展理念、设备设施和展示手段，全面提高会展农业的科技水平。

9. 优化会展农业的运作机制

由于农业的弱质特性，以及会展的扩散效应需要一个过程等特点，会展农业当属政府主导型的公益性范畴，因而其发展离不开政府的扶持和帮助。但在社会主义市场经济体制不断完善的情况下，其活力离不开市场竞争的激发。因此，在会展农业的发展过程中，特别是对于刚刚形成的会展农业项目，政府应正确扮演好角色，切记“政府主导”不是“政府大包大揽”，应变直接干预为间接调节，充分让市场机制这只“看不见的手”发挥作用、配置资源，形成“市场化运作、企业化管理”有效模式，使政府从“前台指挥者”变为“后台支持者”，通过市场机制的培育，来强化会展农业的生命力，推动会展农业的持续健康发展。

10. 通过发展会展农业促使农业会展“永不落幕”

要着力克服农业展会短暂性的不足，可通过发展相应的会展农业，延长其展示与销售的期限，打造“永不落幕”的会展农业项目。发展“永不落幕”的会展农业，就需要在场馆和基地等建设方面进行精心设计，使其展示和销售的内容能保持时间上的长期性。此外，要考虑农作物生长的季节性特点，为延长展示和销售期，除在生长环境上实行人为控制外，还应注意农作物品种的有效搭配，以使会展农业基地或场所“四季常青”并呈现出多样性，强化展示效果。

主要参考文献

包仁艳，罗昊澍．2015. 北京会展农业发展研究［J］. 中国农学通报（1）：285－290.

陈慈，陈俊红，龚晶，等．2018. 当前农业新业态发展的阶段特征与对策建议［J］. 农业现代化研究（1）：48－56.

陈雪，宋昱荣．2012. 规模经济理论在我国农业领域中的运用［J］. 中国物价（7）：62－64.

陈文胜．2019. 乡村振兴战略目标下农业供给侧结构性改革研究［J］. 江西社会科学（12）：208－214.

陈泽炎．2018. 关于会展农业的提法及其会议项目案例［J］. 中国会展（10）：10.

陈真．2019. 农业供给侧结构性改革背景下特色效益农业发展——以酉阳县为例［J］. 农村经济与科技（23）：173－174.

陈志峰，徐慎娴，刘荣，等．2017. "一带一路"背景下我国农业"走出去"的战略选择［J］. 台湾农业探索（4）：86－90.

崔丽．2014－4－21. 会展农业让北京喜出望外［N］. 农民日报，（001）.

邓启惠．1996. 关于规模经济理论的几个问题［J］. 求索（3）：4－7.

丁冬．2019. 现代农业发展水平多功能性探析［J］. 问题探讨（5）：7－8.

丁长发．2018－7－2. 发挥农业多功能作用推动乡村振兴［N］. 厦门日报，（B07 版）.

邓蓉．2019. 试论农业多功能拓展的现实意义［J］. 现代化农业（10）：61－65.

董雪旺，智瑞芝，江波 .2007. 区域经济发展中的形象塑造：以山西省为例［J］. 经济地理（3）：353 –356.

方梅存 .2019. 推进农业供给侧结构性改革的探讨［J］. 农业开发与装备（9）：27.

冯赟，起建凌，普雁翔，等 .2019. 延伸农业产业链对云南省农产品价值链的影响［J］. 农业生产展望（10）：76 –80.

古励 .2019. "一带一路"战略与会展业发展机遇［J］. 科技经济导刊（2）：226.

国务院发展研究中心"构建竞争力导向的农业政策体系"课题组 . 2017. 加快农业产业链整合提升我国农业竞争力［J］. 发展研究（8）：17 –21.

韩汉君 .1993. 规模经济理论的新发展［J］. 上海经济研究（2）：42 –44.

韩欣莹，李有生 .2019. 解析区域形象与品牌构建对地方特色产品竞争力影响［J］. 品牌方略（12）：6 –7.

胡琳卿，姚军 .2019. 基于供给侧改革的农业产业结构调整制约因素与优化［J］. 辽宁农业科学（3）：66 –69.

姬冠，曾福生 .2019. 现代农业三大体系构建的逻辑与方略［J］. 湖南农业大学学报（社会科学版）（3）：24 –28.

冀名峰 .2019. 学习习近平总书记重要论述　推进现代农业经营体系建设［J］. 农村经营管理（12）：15 –19.

贾文艺，唐德善 .2009. 基于外部规模经济理论的产业集群形成机理分析［J］. 商业时代（32）：106 –107.

江宏飞 .2015. 农业节庆对区域农产品品牌的培育与提升研究——基于湖北省随州市三个新兴节庆的案例分析［J］. 武汉纺织大学学报（2）：15 –18.

姜长云 .2017. 科学理解农业供给侧结构性改革的深刻内涵［J］. 经济纵横（9）：24 –29.

姜长云 .2019. 龙头企业的引领和中坚作用不可替代［J］. 农业经

济与管理（6）：24－26.
蒋永穆，陈维操.2019.基于产业融合视角的现代农业产业体系机制构建研究［J］.学习与探索（8）：124－131.
李刚，李双元.2018.拓宽农业多功能推动农村三产融合［J］.安徽农业科学（24）：195－197，227.
李杰义，周丹丹.2016.电子商务促进农业产业链价值整合的模式选择［J］.农村经济（12）：63－67.
李平则，谢海申.2004.关于农业结构调整和区域布局问题的理论和方法［J］.山西农业大学学报（社会科学版）（3）：213－215.
李青益.2020.逆全球化背景下比较优势理论的适用性［J］.市场研究（1）：48－49.
李世楠.2019.建设农业科技园区　助力现代农业发展［J］.吉林农业（2）：34.
李伟伟，汪海燕，朱京燕.2013.北京发展会展农业的优势、前景与对策分析［J］.北京农业职业学院学报（1）：26－30.
李彦薇.2018.会展产业内涵及对我国会展产业发展启示［J］.经贸实践（5）：230－232.
林越笙.2017.农业会展经济发展解读［J］.农家参谋（10）：9.
刘立，韵江.2016.体验经济时代的会展业发展对策研究［J］.经济研究（2）：54－56.
刘国斌，李博.2019.农村一二三产业融合发展研究：理论基础、现实依据、作用机制及实现路径［J］.治理现代化研究（4）：39－46.
陆弟敏.2018.广西田东芒果产业发展制约因素与对策研究［J］.中国热带农业（4）：19－23.
农业部农业贸易促进中心.2011.中国农业会展理论与实践问题［M］.北京：中国农业出版社.
彭岚，彭银.2004.体验经济与企业营销战略［J］.市场周刊·财经论坛（6）：122，112.

彭群 . 1999. 国内外农业规模经济理论研究述评 [J]. 中国农村观察 (1): 38 – 42.
沈立宏 . 2017. 现代农业产业园　农业转型升级的助推器 [J]. 农村工作通讯 (23): 34 – 35.
施谊, 张义 . 2010. 对会展理论的几点认识——基于会展与营销、物流的比较分析 [J]. 江苏商论 (12): 99 – 101.
史崴 . 2006. 浅析体验经济 [J]. 鄂州大学学报 (1): 48 – 50.
宋山梅, 向俊峰 . 2019. 乡村振兴视野下我国现代农业产业体系的构建研究 [J]. 农业经济 (9): 6 – 8.
宋晓雁, 武邦涛 . 2006. 农业会展的经济功能研究 [J]. 安徽农业科学 (4): 802 – 803.
孙旋旋 . 2020. 农业的麦当劳化及其超越——基于寿光蔬菜产业的分析 [J]. 北京农业职业学院学报 (1): 46 – 50.
孙中华 . 2016. 我国现代农业发展面临的形势和任务 [J]. 东岳论丛 (2): 17 – 23.
谭干, 程兰 . 2019. 乡村振兴背景下深化农业供给侧结构性改革的路径 [J]. 湖南农业科学 (10): 102 – 106.
田平 . 2015. 基于规模经济理论的商贸流通产业规模化利弊分析 [J]. 商业经济研究 (33): 12 – 13.
万舟, 杜玲 . 2017. 推进我国农业供给侧结构性改革的关键环节 [J]. 天水行政学院学报 (6): 99 – 102.
汪海燕, 朱京燕 . 2013. 北京会展农业运行机制研究 [J]. 农学学报 (5): 66 – 69.
王龙, 刘梦琳 . 2012. 区域形象测量内容的研究综述 [J]. 城市发展研究 (1): 24 – 28.
王影, 李艳 . 2019. 推进农业产业融合的五条路径 [J]. 资政群议 (4): 54 – 57.
王华东, 周娜 . 2012. 农业会展节庆视角下农产品区域公用品牌提升的研究 [J]. 中国农学通报 (14): 172 – 176.

王金洲.2007. 体验经济探微 [J]. 经济学研究 (4): 33-36.
王军强, 申强, 苟天来.2018. 会展农业促进京津冀农业协同发展的机理分析 [J]. 农村经济与科技 (2): 167-168.
王起静.2015. 都市型会展农业发展模式 [J]. 北京第二外国语学院学报 (1): 84.
王向东.2014. 北京会展农业丰富都市农业新内涵 [J]. 语文学刊 (6): 63-64.
王小艳.2019. 乡村振兴战略下的农业产业发展模式研究 [J]. 商场现代化 (21): 121-122.
魏百刚.2019. 大力实施质量兴农战略 加快推进农业由增产导向转向提质导向 [J]. 三农时政 (12): 20-21.
魏沁怡, 谢思珞, 韦懿琭, 等.2018. 技术驱动的会展服务创新 [J]. 环渤海经济瞭望 (3): 199-200.
翁鸣.2017. 农业供给侧结构性改革的科学内涵和现实意义 [J]. 民主与科学 (2): 28-31.
肖婕.2019. "一带一路" 背景下我国会展经济发展研究 [J]. 中国经贸导刊 (10): 27-30.
肖凌霞.2018. 澳洲坚果大会加速临沧坚果产业的发展 [J]. 现代园艺 (8): 34-35.
谢家平, 杨光.2017. 基于农业供给侧改革的农业产业链转型升级研究 [J]. 福建论坛·人文社会科学版 (10): 54-57.
许新华.2019. 加快农业供给侧结构性改革 全面提升农业产业化水平 [J]. 河南农业 (10): 56.
杨军.2017. 农业供给侧结构性改革的内涵、思路与任务 [J]. 农学学报 (2): 96-100.
杨勇, 毛绪强, 陈娜.2019. 从农业会展——看中国 "三农" 70 年之变 [J]. 农村工作通讯 (23): 19-24.
尧珏, 邵法焕, 蒋和平.2020. 都市农业新产业和新业态的发展模式研究——以青岛市为例 [J]. 农业现代化研究 (1): 55-63.

姚兴凤. 2018. 发展农村经济 壮大农业会展产业 [J]. 产业发展 (3): 33-34.

于彤. 2018. 浅谈兴办农业会展促进农业发展 [J]. 农业经济研究 (1): 77-81.

余云珠. 2019. 产业融合视角下农产品区域品牌发展路径探究 [J]. 商业经济研究 (23): 127-130.

袁媛. 2018. 浅析农业供给侧结构性改革的内涵与重要任务 [J]. 南方农业 (24): 90-91.

袁维海. 2007. 现代农业的支撑体系建设 [J]. 乡镇经济 (2): 5-9.

曾亚强, 张义. 2007. 从会展内涵、外延看会展理论的几种观点 [J]. 晋阳学刊 (1): 49-52.

张飞, 平英华, 严雪凤, 等. 2019. 关于完善农业园区科技支撑政策体系的探讨——以江苏南京白马现代农业高新技术产业园区为例 [J]. 安徽农学通报 (23): 4-7.

张承耀. 2004. 体验经济的十大特征 [J]. 经济管理 (11): 24-26.

张玉军, 刘照亭, 王敬根, 等. 2010. 区位理论与农业科技园区的空间布局模式研究 [J]. 江西农业学报 (6): 211-214

赵海燕, 何忠伟. 2013. 北京会展农业发展模式与产业特征分析 [J]. 国际商务 (对外经济贸易大学学报) (4): 93-102.

赵绪福. 2006. 农业产业链优化的内涵、途径和原则 [J]. 中南民族大学学报 (人文社会科学版) (6): 119-121.

郑文博. 2019. 新结构经济学与新兴古典经济学的理论融合: 一个比较优势理论的扩展模型 [J]. 经济问题探索 (10): 22-32.

郑智敏, 刘昆仑. 2020. 广西"恭城月柿"带动乡村振兴 [N]. 中国信息报 (8): 2-3.

郑智敏. 2019. 咬定金果不放松——广西恭城把小柿子育成致富金果果 [J]. 果农之友 (12): 43-44.

知一.2017. 厚植优势力量　种业之都正“摩拳擦掌”[J]. 中国农村科技（266）：62－65.
《中国发展观察》杂志社调研组.2019. 广西红岩村：绿水青山柿柿红［J］. 中国发展观察（17）：18－23.
钟鑫.2017. 恭城月柿：柿子王［J］. 农业·农村·农民（A版）（6）：48－49.
周若青.2019. 贵州现代农业供给侧结构性改革效益分析［J］. 合作经济与科技（12）：10－12.
周永香，崔永恒.2010. 建设农业科技展示基地　提升服务农业生产水平［J］. 中国农技推广（6）：4.
朱广其.2007. 我国现代农业支撑体系构建：结构、功能与原则［J］. 经济问题研究（6）：86－88.
朱广其.2008. 我国现代农业支撑体系构建问题探讨［J］. 经济问题探索（5）：56－60.
朱京燕.2012. 关于会展农业的若干理论思考［J］. 中国农垦（4）：58－60.
朱晓宁.2007. 会展经济的交易成本理论分析［J］. 产业观察（27）：87－88.

后　记

本书是在笔者承担的北京市教委科技计划面上项目“北京会展农业发展前景与对策研究”（SM201112448001）基础上，通过对国内多地会展农业发展实践进一步研究，修改补充完善而最终完成的。

在本书即将付梓之际，感谢在项目设计、项目调研、咨询论证中给予指导与支持的领导和专家学者，感谢参与课题研究的同事们。北京市各级农业农村局的相关部门对项目的调研给予了大力的支持。北京农业职业学院马俊哲教授不仅亲自参加实地调研，而且在课题构思、研究组织、资料收集、结题报告撰写等方面都给予了悉心的指导。北京农业职业学院的鄢一平教授、王弢、汪海燕、李伟伟参与了课题调研工作，并发表了相应的调研报告和研究论文，对课题研究的顺利完成提供了支持。其中，王弢执笔完成的课题组调研报告《以会展促转型，以优势创品牌——青岛会展农业及其对北京的启示》，刊登在中共北京市委农村工作委员会、北京市农村工作委员会内部刊物《京郊调研》第二十八期，调研报告受到时任北京市主管农业副市长的重视，并批示相关部门：“组织领导认真学习，他山之石，可以攻玉。”这项课题的研究成果奠定了本书的基本框架内容。特别需要指出的是，在本书的写作过程中，笔者参考了国内许多资料和发表的论文。在此，向他们一并表示感谢与敬意。

本书做为北京农业职业学院特色高水平院校建设子项目高水平

师资项目内容，是高水平双师队伍建设中“村务管理创新团队”建设成果之一，感谢北京农业职业学院给予的支持和出版资助，感谢中国农业科学技术出版社及崔改泵编辑在出版过程中提供的便利，正是由于他们的无私帮助和高效率的工作，使得本书顺利付梓，并能很快与读者见面。

朱京燕

2020 年 5 月 21 日